ライブラリ 数学コア・テキスト — 6

コア・テキスト
確率統計

河東泰之 監修
西川貴雄 著

サイエンス社

編者のことば

理工系初年次の大学生にとって，数学は必須の科目の一つであり，また実際にその後の勉強，研究に欠かせない道具である．理工系の大学生はみな，高校までかなりの時間を数学の勉強に費やしてきたはずだが，大学に入って，数学の勉強に苦労した，どうやって勉強したらいいのかわからない，という声が多くある．もともと大学の講義や教科書は，高校までに比べ「不親切」といわれることが多く，抽象的過ぎて例や動機の説明が不足していたり，問題演習があまりないケースも少なくない．さらに演習問題があっても解答がなかったり，あるいはごく簡略であったりなど，高校までの数学学習の中心が問題演習であったことと大きく違っていることも戸惑いの原因の一つである．その上，高校までの課程も時代と共に変わってきており，これまで以上に，学生の立場に立った教科書が求められている．

本ライブラリはこのような要請に応え，新たなスタイルの教科書を目指すものである．高校までの課程で数学を十分には学んでいない場合も考え，基礎的な部分からていねいに，詳しく，わかりやすく解説する．内容は徹底的に精選し，理論的な側面には深入りしない．計算を省略せず，解答例を詳しく説明する．実際の執筆は，大学でこのような講義を実践されている，若手だが経験と熱意にあふれている方々にお願いした．

本ライブラリがこのような目的にかない，高校までの参考書，問題集と同様に，あるいはそれ以上に読者の皆さんの役に立ち，長い間にわたって手元においていただけるようになることを願っている．

2009 年 10 月

編者　河東泰之

はじめに

本書は，確率および統計についての入門書です．大学の 1, 2 年次に学ぶ数学の知識も援用して，これまで学んできたであろう確率・統計についての知識を初歩から整理しつつ学ぶことを目標としています．また，大学の 1, 2 年次での微分積分・線形代数も使いますので，それらがどのように使われるか，その一端を見ることができればと思います．

本書は，大きく分けて第 4 章までの確率について述べた部分と，第 5 章からの統計学について述べた部分の 2 つに分けることができます．第 4 章までの内容が既知であれば，第 5 章から読み始めても構いません．

前半の確率に関する部分ですが，以下のように構成しました．第 1 章では，確率を考える上で必要となる，根元事象・事象・確率・確率変数の枠組みを紹介しています．第 2 章では，確率変数を離散的に値をとる（とびとびの値しかとらない）場合に限って，その場合の確率分布や期待値の扱い方について述べています．ここで述べる諸性質については，高校程度の $\sum$ の式変形が主な道具であり，他はあまり予備知識が無くても証明を追うことができます．ですので，この章では極力証明を省略しないで書くことにしました．

ランダムな量である確率変数ですが，離散的に値をとる場合だけを扱うというのでは応用上不十分です．ただし，一般的な定義を与えるとなると「測度論」と呼ばれる枠組みを紹介しなくてはならず，本書の程度を超えてしまうように思います．そこで，第 3 章では「連続型」と呼ばれる場合に限定して，その場合の確率密度関数や期待値の扱い方について述べることにしました．ここで述べる諸性質については，前述の枠組みさえ準備してしまえば定理としてきちんと証明できるものなのですが，本書では成り立つことを認めて先に進める形をとっています．

第 4 章においては，確率変数の極限を考えると何が得られるのか，いわゆる極限定理について述べています．確率論では「大数の法則」「中心極限定理」「大偏差原理」を 3 つの大きな極限定理として扱います．ここでもそのうち，「大数の法則」「中心極限定理」について述べていますが，加えて「ポアソンの小数の法則」も述べました．なお，これらの極限定理は統計学を学ぶ上で非常に重要なものであり，この後の章においても何度も登場することになります．

後半の統計学に関する部分ですが，大別して記述統計，統計的推測の２つに分けることができます．第５章では前者の記述統計について述べており，データが得られたときの整理の方法について学びます．単体のデータに対しては，度数分布表・ヒストグラムなど図表の作成の方法，データの特徴をつかむための基礎的な指標を導入します．また，データの組が与えられたときに，その組の持つ性質をつかむための指標，大まかな関係を予測したときに予測式をどのように立てればよいか，最小二乗法を用いて説明しています．第６章以降では後者の統計的推測について述べており，仮説検定・推定について，その枠組みと併せて基礎的な事項を中心に紹介しています．とかく誤用されやすいので，統計学ではどのようにして判断基準を与えているのか，できる限り平易に説明するよう努めました．

また，付録には理論の補足となる部分をまとめました．この部分を読まなくても大まかな流れを追うことができるよう努めていますが，理論的側面を学ぶ一歩になればと収録することにしました．加えて，巻末には，本書で必要となる数表も収録しています．

最後になりましたが，サイエンス社の田島伸彦氏，鈴木綾子氏，荻上朱里氏には，執筆が非常に遅れてしまいご迷惑をおかけしたにもかかわらず，完成まで辛抱強くご助力いただきましたこと，深く御礼申し上げます．

2015年1月

監修者　河東泰之　　著　者　西川貴雄

(2021年10月追記）第２刷において，第１刷にありました多数の誤りを修正致しました．ご迷惑をおかけして申し訳ありません．

目　　次

第1章　確率の定義 …… 1

1.1　事象・確率の考え方 …… 1
1.2　標本空間と事象 …… 2
　1.2.1　標本空間・事象の捉え方 …… 2
　1.2.2　標本空間・事象の例 …… 4
　1.2.3　事象の論理演算と集合演算 …… 9
1.3　確率の数学的定義 …… 10
1.4　確　率　変　数 …… 17
　1.4.1　ランダムな量の定式化 …… 17
　1.4.2　確率変数の演算 …… 18
　1.4.3　確率変数に関する事象 …… 18
　1.4.4　確率変数と抽象化 …… 19
1.5　条件付き確率と独立性 …… 21
　1.5.1　条件付き確率 …… 22
　1.5.2　ベイズの定理 …… 24
　1.5.3　事象の独立性 …… 26
　1.5.4　確率変数の独立性 …… 27
　1.5.5　独立であることの確認 …… 29
第1章　演習問題 …… 31

第2章　離散型確率変数 …… 32

2.1　離散型確率変数とその確率分布 …… 32
　2.1.1　離散型確率変数とその確率分布 …… 32
　2.1.2　離散型確率変数の代表例 …… 36
　2.1.3　独立な離散型確率変数の和 …… 40

2.2 離散型確率変数の期待値 …… 42
2.2.1 期待値の定義と計算例 …… 42
2.2.2 期待値の満たす性質 …… 46
2.3 モーメントと分散 …… 51
第2章 演習問題 …… 59

第3章 連続型確率変数 …… 60
3.1 連続型確率変数と確率密度関数 …… 60
3.2 同時確率密度関数 …… 61
3.3 連続型確率変数の期待値 …… 64
3.3.1 期待値の定義とその性質 …… 64
3.3.2 代表的な連続型確率変数 …… 66
3.4 密度関数の特定 …… 70
3.4.1 分布関数とその性質 …… 70
3.4.2 分布関数と密度関数の関係 …… 72
3.4.3 独立な連続型確率変数の和 …… 77
第3章 演習問題 …… 82

第4章 いろいろな極限定理 …… 84
4.1 大数の法則 …… 84
4.2 中心極限定理 …… 87
4.3 ポアソンの小数の法則 …… 90

第5章 データの整理 …… 92
5.1 1次元のデータ …… 92
5.1.1 度数分布表・ヒストグラム …… 92
5.1.2 代表値（分布を代表する値） …… 94
5.1.3 散らばりの尺度 …… 97
5.1.4 データの変換 …… 101
5.1.5 標準得点と偏差値得点 …… 102

5.1.6　度数分布表からの近似 …… 103
5.2　2次元のデータ …… 107
5.2.1　因果と相関 …… 108
5.2.2　散布図 …… 108
5.2.3　共分散と相関係数 …… 109
5.2.4　最小二乗法 …… 116
5.2.5　最小二乗法における誤差と相関係数 …… 120
5.2.6　曲線の当てはめ …… 122
第5章　演習問題 …… 123

第6章　母集団と標本　127

6.1　母集団と母集団分布 …… 127
6.2　標本抽出と確率 …… 128
6.3　母数と統計量・推定量 …… 131
6.4　正規母集団とその性質 …… 135
6.4.1　正規母集団とその性質 …… 135
6.4.2　分散が既知のときの標本平均 …… 140
6.4.3　不偏分散とその標本分布 …… 141
6.4.4　分散が未知のときの標本平均と t 統計量 …… 143

第7章　仮説検定　147

7.1　仮説検定の枠組み …… 147
7.2　帰無仮説と対立仮説 …… 149
7.3　検定の誤り …… 149
7.4　正規母集団に対する検定 …… 151
7.4.1　母平均に対する検定（分散が既知の場合） …… 151
7.4.2　母平均に対する検定（分散が未知の場合） …… 155
7.4.3　母分散に対する検定 …… 157
7.5　ポアソン母集団・二項母集団に対する検定 …… 158
7.5.1　二項母集団に対する検定 …… 158

7.5.2 ポアソン母集団に対する検定 ……… 160
第 7 章 演習問題 ……… 162

第 8 章 区 間 推 定 163

8.1 区間推定の考え方 ……… 163
8.2 母分散が既知の場合の正規母集団に対する区間推定 ……… 164
8.3 母分散が未知の場合の正規母集団に対する区間推定 ……… 165
8.4 二項母集団に対する近似的な区間推定 ……… 167
8.5 ポアソン母集団に対する近似的な区間推定 ……… 169
第 8 章 演習問題 ……… 171

付　　録 172

A.1 集合に関する復習 ……… 172
A.1.1 集　　合 ……… 172
A.1.2 有限集合・無限集合 ……… 175
A.2 一般の場合の包除公式 ……… 176
A.3 分散投資の方法 ……… 178
A.4 正規分布の諸性質 ……… 180
A.4.1 t 分　布 ……… 180
A.4.2 標本平均と不偏分散 ……… 182

数　　表 187

B.1 正規分布表（上側確率） ……… 188
B.2 t 分布表（パーセント点） ……… 189
B.3 χ^2 分布表（パーセント点） ……… 190

解　　答 192

参 考 文 献 212

索　　引 213

第1章 確率の定義

本章から4章にわたって，確率を数学的に取り扱うために事象や確率，確率変数の定義を与え，確率変数の分布や期待値を導入する．このように数学として枠組みを用意し，定式化を行うことによって，それらの意味や計算方法が明確になる．

1.1 事象・確率の考え方

確率は「ランダムな」現象を扱うために導入された概念である．ただし，ただ「ランダム」，何が起きるかわからないというだけでは取り扱うことができない．何らかの規則性，つまり，何が起きやすくて，何が起きにくいのか，それが数値化されているときに，その帰結としてどのようなことが結論されるのか，ということが数学としての考察の対象である．

何かランダムに変動する量 X を考え，試行を行う前の段階で「X が ○○という条件を満たす」という事柄をどのようにとらえればよいか考えてみよう．至極真っ当な仮定として，未来予知ができないと仮定すれば，X の値は当然判明していないことになる．従って「X が ○○という条件を満たす」という事柄の真偽は結果次第（X の値の出方次第）としか言いようがない．「X が ○○という条件を満たす」という事柄単独ではその真偽について議論することはできないのである．

ランダムに変動する量に関する事柄の真偽は状況次第で変化するが，このことを逆に考えてみることにしよう．もし X の値の出方を含めた結果がわかってしまえば，真偽は確定するのである．結果に相当する概念を導入すれば，ランダムな量は「結果」を1つ決めれば決定される量，つまり「結果」に対応する関数と考えることができる．このようにとらえることにすれば，「結果」を1つ与えれば「X が ○○という条件を満たす」かどうかの真偽を判定でき，「結果」についての条件と見なされるのである．また，事柄自体を，条件を満たす「結果」全てからなる集まり（集合）と見なすこともでき，「結果」からなる集合に対して確率が定義されていれば，この事柄に対する確率が与えられることになる．

この章では，上の考え方に従い，確率を考えたい事柄（事象と呼ぶ）とは何か，さらに，確率とは何か，といった定義を与えることにしよう．

1.2 標本空間と事象

1.2.1 標本空間・事象の捉え方

前節で紹介した考え方に基づいて議論を展開するためには，「結果」「事柄」を何らかの形で数学の言葉によって表すことが必要となる．ここでは，その表し方について例を挙げながら述べることにしよう．

1個のさいころを投げることを考えてみよう．このとき，出る目は

$$1,\ 2,\ 3,\ 4,\ 5,\ 6$$

の6通りであり，どの目が出るかは偶然により決まる．このように，同一の条件の下で繰り返すことができる実験や観測であって，その結果が偶然に決まるものを**試行**という．また，その結果起きる事柄のことを**事象**という．今の場合，

「1の目が出る」,「2の目が出る」, ...,「6の目が出る」

は最も基本的な事象であるし，また

「奇数の目が出る」,「偶数の目が出る」,
「目の数を3で割ったときの余りが1である」

なども事象である．

1個のさいころを投げる試行を行ったとき，基本的な事象として挙げた

「1の目が出る」,「2の目が出る」, ...,「6の目が出る」

はこれ以上場合分けをすることができない，また同時に起きることがない事象である．このように，それ以上分解できない事象のことを**根元事象**（こんげん）と呼ぶ．また根元事象全てからなる集合を**標本空間**と呼び，通常 Ω で表す．いったん根元事象が与えられれば，他の事象は根元事象の組合せにより表すことができる．

例えば，今の場合は

「奇数の目が出る」⇔「1 の目が出る」または「3 の目が出る」
または「5 の目が出る」

「偶数の目が出る」⇔「2 の目が出る」または「4 の目が出る」
または「6 の目が出る」

と根元事象の組合せ（順番は問わない）によって表される．根元事象の組合せのことを集合と思えば，**事象は根元事象からなる集合と見なすことができる**．言い換えると，事象はそれが起きるような根元事象全てを集めた集合と見なすことができる．なおこの約束の下では，根元事象単体は事象ではなくなることに注意しよう．例えば，「6 の目が出る」という事象は，対応する根元事象単体からなる集合

{「6 の目が出る」}

により表すのである．

物事が見えづらくなるのを避けるため，ここまでは根元事象・事象を逐一日本語で表してきた．ただ，実際書いてみると冗長と言わざるをえないので，少し省略することにしよう．ここでは「1 の目が出る」，「2 の目が出る」，$\ldots$，「6 の目が出る」のことをそれぞれ $1, 2, \ldots, 6$ で表すことにすれば，標本空間 Ω は

$$\Omega = \{1, 2, \ldots, 6\}$$

と表すことができ，また「奇数の目が出る」「偶数の目が出る」という事象は

$$\{1, 3, 5\}, \quad \{2, 4, 6\}$$

と表すことができる．以下，事象とそれを表す集合は区別しないことにする．

注意 1.1　波線部は「そう約束した」という程度の意味でしかない．「1 の目が出る」，「2 の目が出る」，$\ldots$，「6 の目が出る」のことをそれぞれ a, b, c, d, e, f と別の文字で表すことにしても構わない．この場合，「奇数の目が出る」「偶数の目が出る」という事象は

$$\{a, c, e\}, \quad \{b, d, f\}$$

と表される（目の数で表しておいた方がよりわかりやすいとは思うが）．

特別な名前を持つ事象を2つ紹介しておこう．いついかなる場合でも起きる事象のことを**全事象**という．上の例では，「目が整数である」だとか「目が正である」などである．列挙しようとすると根元事象全てが該当し，ゆえに全事象に対応する集合は標本空間 Ω である．また，いついかなる場合でも起きない事象のことを**空**(くう)**事象**という．上の例では，「目が負である」だとか「目が10以上である」などである．根元事象を列挙しようとしても該当するものがなく，ゆえに空事象に対応する集合は空集合 $\emptyset$ である．

1.2.2 標本空間・事象の例

上にならって，いくつかの試行について根元事象・事象を表してみよう．

例 1.1 2つのさいころを投げる試行を考えてみよう．このような場合，目の出方だけを考える限り，一方のさいころがもう一方よりも大きく，区別できるとしても影響はないことに注意しよう．この場合の根元事象は

「大きいさいころの目が1であり，小さいさいころの目が1である」
「大きいさいころの目が1であり，小さいさいころの目が2である」
⋮
「大きいさいころの目が6であり，小さいさいころの目が5である」
「大きいさいころの目が6であり，小さいさいころの目が6である」

の36個である．「大きい方のさいころの目が i であり，小さい方のさいころの目が j である」のことを，目を対にした (i, j) で表すことにすれば，標本空間 Ω は

$$\Omega = \begin{Bmatrix} (1,1), & (1,2), & \cdots & , & (1,6), \\ (2,1), & (2,2), & \cdots & , & (2,6), \\ \vdots & \vdots & \ddots & & \vdots \\ (6,1), & (6,2), & \cdots & , & (6,6) \end{Bmatrix}$$

ということになる．この書き方に従えば，「両方の目が奇数である」という事象は

$$\{(1,1), (1,3), (1,5), (3,1), (3,3), (3,5), (5,1), (5,3), (5,5)\}$$

により表される．同じ事象は

$$\{(i,j) \in \Omega;\, i,j = 1,3,5\} \tag{1.1}$$

と表すこともできる．□

問題 1.1　例 1.1 の設定の下，以下の事象を根元事象を書き出すことにより表せ．

(1) 「両方の目が偶数である」

(2) 「目の和が 10 以上である」

(3) 「目の積が偶数である」

例 1.2　青玉 5 個，白玉 2 個の入った袋から 1 つの玉を取り出す試行を考えてみよう．このような場合，玉に番号を書き込んで

①, ②, ..., ⑤, ⑥, ⑦

（ただし，①～⑤は青玉，⑥, ⑦は白玉とする）

であるとしても，色だけを考える限り影響はないことに注意しよう．この場合の根元事象であるが，玉に振られた番号に従い

「玉の番号が 1 である」,「玉の番号が 2 である」, ..., 「玉の番号が 7 である」

の 7 個となる．上の根元事象をそれぞれ $1, 2, \ldots, 7$ で表すことにすれば，標本空間 Ω は

$$\Omega = \{1, 2, \ldots, 7\}$$

ということになる．この書き方に従えば，「玉の色が青である」という事象は

$$\{1, 2, 3, 4, 5\}$$

により表される．□

例 1.3　青玉 5 個，白玉 2 個の入った袋から 1 つの玉を取り出し，取り出した玉は袋に戻さないでもう 1 つ玉を取り出す試行を考えてみよう．例 1.2 と同様，玉に番号を書き込んで

①, ②, ..., ⑤, ⑥, ⑦

としておこう．この場合の根元事象であるが，玉に振られた番号に従い

「最初の玉の番号が 1 であり，次の玉の番号が 2 である」

⋮

「最初の玉の番号が 7 であり，次の玉の番号が 6 である」

の 42 個となる．最初に玉を取り出した後袋に戻さないため，次に取り出したとき同じ番号の玉は現れないことに注意しておこう．「最初の玉の番号が i であり，次の玉の番号が j である」のことを，番号を対にした (i, j) で表すことにすれば，標本空間 Ω は

$$\Omega = \left\{ \begin{array}{cccc} \cancel{(1,1)}, & (1,2), & \cdots & , \quad (1,7), \\ (2,1), & \cancel{(2,2)}, & \cdots & , \quad (2,6), \\ \vdots & \vdots & \ddots & \vdots \\ (7,1), & (7,2), & \cdots & , \quad \cancel{(7,7)} \end{array} \right\}$$

ということになる．この書き方に従えば，「玉の色が両方とも青である」という事象は

$$\left\{ \begin{array}{l} (1,2), (1,3), (1,4), (1,5), (2,1), (2,3), (2,4), (2,5), \\ (3,1), (3,2), (3,4), (3,5), (4,1), (4,2), (4,3), (4,5), \\ (5,1), (5,2), (5,3), (5,4) \end{array} \right\}$$

と 20 個の元からなる集合として表される． □

今回の例では，根元事象を書き出すことにより事象を表してみたが，試行における玉の数が増えたり，玉を取り出す回数が増えるなど，試行の複雑さが増すにつれ列挙は困難になっていく．例えば，青玉 50 個，白玉 20 個から 2 つを順に取り出す場合，根元事象の総数は 4830 個となる．この状況で事象に含まれる根元事象を全て書き出すのは困難と言わざるをえない．このように，列挙が現実的ではない場合，事象の表現としては

$$\{(i, j) \in \Omega;\ 1 \leq i, j \leq 5\}$$

のように，根元事象に対する条件で表すにとどめておく方が賢明と思われる．

問題 1.2 例 1.3 の設定の下，以下の事象を根元事象を書き出すことにより表せ．

(1) 「最初の玉の色が白である」

(2) 「玉の色が異なる」

例 1.4　コインを 4 枚投げる試行を行い，その表裏について考えよう．ここでもコインに番号を書き込み

①, ②, ③, ④

であるとしても差し支えないであろう．投げる 4 枚のコインが区別できればよく，投げるコインが 1 円玉，5 円玉，10 円玉，50 円玉であるとしてもよい．この場合の根元事象であるが，コインに振った番号に従い

「1 番のコインが表であり，2 番のコインが表であり，
3 番のコインが表であり，4 番のコインが表である」

⋮

「1 番のコインが裏であり，2 番のコインが裏であり，
3 番のコインが裏であり，4 番のコインが裏である」

の $2^4 = 16$ 個となる．根元事象

「1 番のコインが表であり，2 番のコインが裏であり，
3 番のコインが表であり，4 番のコインが表である」

のことを (表, 裏, 表, 表) と書くことにし，他も同様に表すことにする．そうすれば，標本空間は

$$\Omega = \Big\{(\text{表}, \text{表}, \text{表}, \text{表}), \ldots, (\text{裏}, \text{裏}, \text{裏}, \text{裏})\Big\}$$

と表される．

この設定の下,「3 枚のコインが表である」という事象は

$$\Big\{(\text{表}, \text{表}, \text{表}, \text{裏}), (\text{表}, \text{表}, \text{裏}, \text{表}), (\text{表}, \text{裏}, \text{表}, \text{表}), (\text{裏}, \text{表}, \text{表}, \text{表})\Big\}$$

と 4 個の元からなる集合として表される．ここでは該当する根元事象を全て書き出して個数を求めたが,「組合せ」からも計算できる．ちょうど 3 枚のコインが表であるとき，コイン全体の表裏と，表になるコイン 3 枚の番号が対応する．一般に n 個あるものから k 個を取り出す組合せの総数のことを ${}_n\mathrm{C}_k$ で表し，これは

$$ {}_n\mathrm{C}_k = \frac{n!}{k!\,(n-k)!} $$

で与えられる．ただし $n!$ は階乗，つまり

$$ n! = 1 \times 2 \times \cdots \times n $$

である．今の場合，つまり 4 つの数字の中から 3 つ取り出す組合せだから，${}_4\mathrm{C}_3 = 4$ 通りであることがわかる．

上ではわかりやすいように「表」「裏」で表記したが，画数が多くて書くのが面倒なので，表に 1 を，裏に 0 を対応させて書くことにすれば

$$ \begin{aligned} \Omega &= \bigl\{(1,1,1,1),(1,1,1,0),\ldots,(0,0,0,0)\bigr\} \\ &= \bigl\{(x_1,x_2,x_3,x_4);\ x_1,x_2,x_3,x_4 = 0,1\bigr\} \end{aligned} $$

となる．この設定では，前述の「3 枚のコインが表である」という事象は

$$ \bigl\{(1,1,1,0),(1,1,0,1),(1,0,1,1),(0,1,1,1)\bigr\} $$

と表すことができる． □

例 1.5 標本空間は無限集合になることもある．例えば

- 何回でも起きうる事柄の回数
- 連続的に値をとる「長さ」「重さ」などの量

などを取り扱う場合である．例えば，0 以上 1 以下のどんな実数の値も出うるような試行を 2 回繰り返し行う場合を考える．このとき，1 回目と 2 回目の結果がそれぞれ x, y である場合にこれらを対にして (x,y) と書くことにすれば，この (x,y) 一つ一つが根元事象となる．標本空間 Ω は

$$ \Omega = \bigl\{(x,y)\in\mathbb{R}^2;\ 0 \le x \le 1,\ 0 \le y \le 1\bigr\} = [0,1]^2 $$

ということになる．また，「2 回目の値の方が 1 回目の値よりも大きい」という事象は

$$ \bigl\{(x,y)\in\mathbb{R}^2;\ 0 \le x \le 1,\ 0 \le y \le 1,\ x < y\bigr\} $$

により表される． □

1.2.3　事象の論理演算と集合演算

ここまでに，事象は根元事象を元として持つ集合として表すことができることを述べた．ここでは，「かつ」「または」「〜でない」といった，事象と事象の論理演算が集合として表したときにどう反映されるか考えることにする．

和事象　事象 A, B が与えられたとき，「事象 A または事象 B が起こる」という事象のことを A と B の**和事象**と呼ぶ．これら事象がそれぞれ

$$A = \{\omega_1, \ldots, \omega_n\}, \quad B = \{\omega'_1, \ldots, \omega'_m\}$$

と元を列挙することにより表されているとしよう．今，事象とはそれが起きるような根元事象全てからなる集合と考えているから，和事象は和集合

$$A \cup B = \{\omega_1, \ldots, \omega_n, \omega'_1, \ldots, \omega'_m\}$$

が対応することがわかる．つまり，**和事象と和集合は同じ意味である**．

積事象　「事象 A が起き，なおかつ事象 B が起こる」という事象のことを A と B の**積事象**と呼ぶが，上と同様に考えれば共通部分 $A \cap B$ が対応する．つまり，**積事象と共通部分は同じ意味である**．

補事象　事象 A が与えられたとき，「事象 A が起きない」という事象のことを A の**補事象**と呼ぶ．今，事象 A が

$$A = \{\omega_1, \ldots, \omega_n\}$$

と元を列挙することにより表されているとしよう．この表記では，A が起きているような根元事象が全て列挙されており，A が起きないような根元事象は列挙されているもの以外，ということになる．つまり，補事象に対応するのは全体集合を Ω としたときの A の補集合 A^c である．つまり，**補事象と補集合は同じ意味である**．

積事象を導入したので，これを使った事象同士の関係を一つ紹介しておく．事象 A, B が同時には決して起こりえない事象であるとき，**排反**であるという．例えば，さいころを1回投げたとき，「目が偶数である」という事象と「目が5である」という事象は同時に成り立つことはない．このとき，「目が偶数である」という事象と「目が5である」という事象は排反であるというのである．このことは積事象の言葉を使えば，積事象が空事象になる，つまり $A \cap B = \emptyset$ である場合に相当する．

1.3　確率の数学的定義

ある試行において，その事象 A が起こることが期待される割合のことを A の起こる「確率」と呼ぶ．数学としては，事象が与えられたとき値が定まる，つまり事象に対する関数としてとらえられる．集合の言葉を借りて事象を記述できているので，その設定の下で「確率」と呼ばれるものを定義しよう．

定義 1.1　標本空間 Ω が与えられているとする．Ω 上の確率 P とは，事象に対する関数 $A \mapsto P(A)$ であって，次の条件を満たすものをいう：

(1)　$P(\Omega) = 1$,
　　$P(\emptyset) = 0$

(2)　事象 A に対して，$0 \leq P(A) \leq 1$

(3)　事象の列 $A_1, \ldots, A_n, \ldots$ が互いに排反であるとき，

$$P(A_1 \cup \cdots \cup A_n \cup \cdots) = P(A_1) + \cdots + P(A_n) + \cdots$$

が成り立つ（**加法性**）．

注意 1.2　上の定義は難しく見えるかもしれないが，実は「確率」が満たすべき一般的な性質を挙げているに過ぎない．

(1)　必ず起こる事象（全事象）の確率は 1（$= 100\%$）である．また，必ず起こらない事象（空事象）の確率は 0（$= 0\%$）である．

(2)　確率は 0（$= 0\%$）から 1（$= 100\%$）までの値である．

(3)　重なりがないように分割したとき，元々の大きさは分割されたものの大きさの和で表されることを意味している．このことは，「面積」「体積」「場合の数」といった「ものの大きさ」を測る尺度が共通して持つ性質である．簡単のため 2 つの事象に対して述べることにすると，事象 C が排反な事象 A, B の和事象で書けているならば，C の確率は A と B の確率の和で表されるということである．つまり

$$P(C) = P(A) + P(B)$$

が成り立つ，ということを可算無限個の場合まで要請している．なお，可算無限という言葉については本書付録 A.1 節を参照されたい．

注意 1.3　この確率の定義は「確率と呼べるのはこういう条件を満たすものですよ」ということだけ述べており，具体的な値については何ら言及していない．具体的な問題では，

- 根元事象・事象を設定する
- その問題と，上の定義を両立するように導入する
  （何らかの矛盾が問題もしくは設定にあれば導入はできない）

を行ってから，確率の値の計算を始めることになる．簡単な場合では「こんなことはしなくても計算できる」と思うかもしれないが，単に頭の中で上を済ませているだけである．

例 1.6　1.2.2 項の例 1.1 において，どの根元事象が起こることも同じ程度に期待できると仮定しよう．このことを指して「全ての根元事象は**同様に確からしい**」と呼び，高校までの確率の問題ではほぼ間違いなく仮定している．この条件の下で，対応する確率 P がどのようなものか確かめてみよう．もし存在したとすると，定義 1.1 の条件 (1) の $P(\Omega)=1$ より

$$P\bigl(\{(1,1),(1,2),\ldots,(6,6)\}\bigr)=1$$

であり，これと条件 (3) の加法性から，

$$P\bigl(\{(1,1)\}\bigr)+P\bigl(\{(1,2)\}\bigr)+\cdots+P\bigl(\{(6,6)\}\bigr)=1$$

となる．今，全ての根元事象は同様に確からしいと仮定しているから

$$P\bigl(\{(1,1)\}\bigr)=P\bigl(\{(1,2)\}\bigr)=\cdots=P\bigl(\{(6,6)\}\bigr)$$

が成り立ち，$p=P\bigl(\{(1,1)\}\bigr)$ とおくと $p=\frac{1}{36}$ が得られる．事象 A の元の個数（根元事象の個数）を $\#A$ で表すことにすると，再び条件 (3) の加法性から

$$\begin{aligned} P(A) &= \frac{\#A}{36} \\ &= \frac{\#A}{\#\Omega} \end{aligned} \tag{1.2}$$

が得られる．今，個数の計算の上では加法性が成り立つことに注意すれば，(1.2) は確率の要件を満たしており，ゆえに上の P が求めるものである．

この設定の下,「両方の目が奇数である」という事象の確率を計算してみよう.ここで,この事象は例 1.1 にあるように

$$\{(1,1),(1,3),(1,5),(3,1),(3,3),(3,5),(5,1),(5,3),(5,5)\}$$

と 9 個の根元事象からなる集合により表されるから,求める確率は

$$\frac{9}{36}=\frac{1}{4}$$

であることがわかる. □

問題 1.3 例 1.6 の設定の下,以下の事象の確率を求めよ.

(1)　「両方の目が偶数である」

(2)　「目の和が 10 以上である」

(3)　「目の積が偶数である」

「全ての根元事象は同様に確からしい」という設定(高校では暗黙のうちに仮定されている)の下では,適切な確率 P は (1.2) で与えられることが示されている.もし「全ての根元事象は同様に確からしく」はない,例えば,特定の目が出やすい,前の結果を引きずる,といったことが起きる状況を考えるなら,(1.2) とは異なった確率を導入する必要があり,その上で値を求めることになる.

一般に,標本空間 Ω が有限もしくは可算集合であれば,確率は次のようにして与えられる:根元事象それぞれの出やすさを与える関数 $p(\omega)\colon \Omega\to[0,1]$ を

$$\sum_{\omega\in\Omega}p(\omega)=1$$

を満たすように適切に定め,それを用いて

$$P(A)=\sum_{\omega\in A}p(\omega),\quad A\subset\Omega \tag{1.3}$$

とすればよい(前のケースは,根元事象全てに対して等しく $p(\omega)\equiv\frac{1}{36}$ とした特殊な場合と考えられる).

例 1.7 標本空間 Ω を例 1.1 にある通りとし，$p\colon \Omega \to [0,1]$ を

$$p(\omega) = \begin{cases} \frac{1}{4}, & \omega = (1,1) \\ \frac{1}{20}, & \omega = (1,2),\ldots,(1,6),(2,1),\ldots,(6,1) \\ \frac{1}{100}, & \text{その他} \end{cases} \tag{1.4}$$

により定めよう．このとき，

$$\sum_{\omega\in\Omega} p(\omega) = \frac{1}{4} + \frac{1}{20}\cdot 10 + \frac{1}{100}\cdot 25 = 1$$

であるから，(1.3) により P を定めれば，P は Ω 上の確率となる．なお，この確率 P は他の目に比べ 1 の目が出やすいさいころを 2 つ投げたことに相当している．この設定の下で，例 1.6 と同じく「両方の目が奇数である」という事象の確率を計算してみよう．この事象は

$$\{(1,1),(1,3),(1,5),(3,1),(3,3),(3,5),(5,1),(5,3),(5,5)\}$$

と 9 個の根元事象からなる集合により表されるのだったから，求める確率はそれぞれの根元事象に対応する p の値の総和

$$\frac{1}{4}+\frac{1}{20}+\frac{1}{20}+\frac{1}{20}+\frac{1}{100}+\frac{1}{100}+\frac{1}{20}+\frac{1}{100}+\frac{1}{100}=\frac{49}{100}$$

であることがわかる． ■

例 1.8 1.2.2 項の例 1.5 において

$$P(A) = \bigl(A\cap[0,1]^2 \text{ の面積}\bigr) \tag{1.5}$$

とすれば，$A\cap[0,1]^2$ の面積が求められる場合について確率が定義される．また非負でかつ積分が定義され，全体の積分が 1 であるような関数であれば，

$$P(A) = \int_A f(x)\,dx \tag{1.6}$$

が確率を定めることもわかる．なお，本書では (1.5)，(1.6) の右辺が定義されるような単純な集合のみを取り扱う． ■

前の節においては，試行に対応する根元事象をどのようにとればよいか，いくつかの例を挙げながら説明した．同じ設定の下で「**全ての根元事象は同様に確からしい**」という仮定を課し，確率の計算をやってみよう．

例題 1.1 例 1.2 において，全ての根元事象は同様に確からしいと仮定する．「玉の色が青である」という事象を書き下し，その確率を求めよ．

【解答】 この状況下で適切な確率 P は，例 1.6 と同様の議論をすれば

$$P(A) = \frac{\#A}{7}, \quad A \subset \Omega$$

であることがわかる．従って，「玉の色が青である」という事象は

$$\{1, 2, 3, 4, 5\}$$

と 5 個の根元事象からなる集合により表され，求める確率は $\frac{5}{7}$ である． □

注意 1.4 例題 1.1 において，根元事象を「玉の色が青である」「玉の色が白である」の 2 つとすることも考えられる．これらを単に青，白で表すことにすると，標本空間 Ω は

$$\Omega = \{青, 白\}$$

となる．この下で**全ての根元事象は同様に確からしい**と仮定すると，例 1.6 と同様の議論をすれば，Ω の元は 2 個しかないから，

$$P(A) = \frac{\#A}{2}, \quad A \subset \Omega$$

となることがわかる．従って，「玉の色が青である」という事象の確率は $\frac{1}{2}$ であるという結論が導かれることになる．

例題 1.1 での値とは異なった値となったが，これはなぜだろうか．「全ての根元事象は同様に確からしい」という仮定を課しており，今の場合「青玉も白玉も同程度に現れる」という仮定を課したことに他ならない．これが $\frac{1}{2}$ という値が導かれた理由である．ただし，「例 1.2 で設定した根元事象について，それらが同様に確からしい」，つまり「どの玉も同様に確からしく取り出される」という仮定とは相反する仮定となっている．

問題 1.4 例 1.3 において，全ての根元事象は同様に確からしいと仮定する．このとき以下の事象の確率を求めよ．

(1) 「最初の玉の色が白である」

(2) 「玉の色が異なる」

例題 1.2　例 1.4 において，全ての根元事象は同様に確からしいと仮定する．「表が出たコインは 3 枚である」という事象の確率を求めよ．

【解答】　対応する確率 P は例 1.6 と同様の議論をすれば

$$P(A) = \frac{\#A}{16}, \quad A \subset \Omega$$

であることがわかる．「表が出たコインは 3 枚である」という事象は，4 個の根元事象からなる集合で表されるのであったから，この事象の確率は

$$\frac{4}{16} = \frac{1}{4}$$

である．□

問題 1.5　例題 1.2 の設定の下，以下の事象の元の個数および確率の値を求めよ．

(1)　「4 枚のコインが裏である」

(2)　「2 枚以上のコインが表である」

問題 1.6　6 枚のカードがあり，それぞれ 1〜6 の数が書かれている．このカードから，順に 2 枚引く（1 枚目を引いたら戻さない）試行を行う．現れうるカードの組合せは等確率で出現すると仮定し，以下の問いに答えよ．

(1)　根元事象・標本空間・確率を適切に設定せよ．

(2)　「1 枚目の数字が 2 枚目の数字より大きい」という事象に含まれる根元事象を全て書き出せ．

(3)　「1 枚目の数字が 2 枚目の数字より大きい」という事象の確率を求めよ．

定義 1.1 により確率を定義したが，この性質から**包除**（ほうじょ）**公式**と呼ばれる公式が導かれ，確率の計算においてよく用いられる．ここでは，その包除公式の簡単な場合について紹介しておこう．

定理 1.1　**包除公式**

事象 A, B に対し，

$$P(A \cup B) = P(A) + P(B) - P(A \cap B) \tag{1.7}$$

が成り立つ．

【証明】 事象 $A \cup B$ が

$$A \cup B = (A \cap B^c) \cup (A \cap B) \cup (A^c \cap B) \tag{1.8}$$

と排反な事象に分解できることから，確率の加法性により

$$P(A \cup B) = P(A \cap B^c) + P(A \cap B) + P(A^c \cap B) \tag{1.9}$$

と分解できる．一方，A, B も

$$A = (A \cap B) \cup (A \cap B^c),$$
$$B = (A \cap B) \cup (A^c \cap B)$$

と排反な事象に分解できることから，確率の加法性により

$$P(A) = P(A \cap B) + P(A \cap B^c),$$
$$P(B) = P(A \cap B) + P(A^c \cap B)$$

と分解できる．これを (1.9) に代入すれば (1.7) を得る． □

注意 1.5 一般に，事象 $A_1, \ldots, A_n$ に対し

$$P\left(\bigcup_{k=1}^{n} A_k\right) = \sum_{k=1}^{n} P(A_k) - \sum_{k_1, k_2; k_1 < k_2} P(A_{k_1} \cap A_{k_2}) + \sum_{k_1, k_2, k_3; k_1 < k_2 < k_3} P(A_{k_1} \cap A_{k_2} \cap A_{k_3}) - \cdots + (-1)^{n+1} P(A_1 \cap \cdots \cap A_n)$$

が成り立つ．後に導入する「期待値」を用いると，上の等式を比較的容易に証明できる．これについては付録 A.2 節へ載せたので興味がある読者はそちらを参照されたい．

例 1.9 事象 A, B が

$$P(A) = \frac{1}{4}, \quad P(B) = \frac{2}{3}, \quad P(A \cap B) = \frac{1}{12}$$

を満たすとき，

$$P(A \cup B) = \frac{1}{4} + \frac{2}{3} - \frac{1}{12} = \frac{5}{6}$$

である． ■

問題 1.7 P は Ω 上の確率とする．事象 A, B は

$$P(A) = \frac{1}{2}, \quad P(B) = \frac{1}{3}, \quad P(A \cap B) = \frac{1}{5}$$

を満たすとき，$P(A \cup B)$ の確率を求めよ．

1.4 確 率 変 数

ランダムに変動する量のことを**確率変数**という．例えば，さいころを投げる試行を行うとき，出る目の数は確率変数である．これまでみてきたように，根元事象が特定のランダムな量を想定して作ってあれば，事象全てを根元事象を用いて書き下すことは可能である．ただ,「ランダムな量」を表記する術を持っておいた方が何かと便利である．ここでは，どのようにとらえればよいか考えてみることにしよう．

1.4.1 ランダムな量の定式化

X は何か，ランダムに変動する量であるとする．もし根元事象が X を想定して作られているとすれば，根元事象それぞれには X の結果がどうなるかの情報を含んでいることに注意しよう．つまり，根元事象 ω を 1 つ定めれば（結果を 1 つ定めれば)，X の値が確定するのである．従って，**確率変数は標本空間 Ω から実数全体 $\mathbb{R}$ への関数である**とみなせる．

例 1.10 さいころを 1 回投げる試行を行い，そのときの目を X としよう．1.2.1 項での議論を思い出してみると，標本空間 Ω は

$$\Omega = \{1, \ldots, 6\}$$

とすればよいのであった．ただし $1, \ldots, 6$ は「1 の目が出る」, ..., 「6 の目が出る」を表している．根元事象として 1，つまり「1 の目が出る」が与えられれば，つまり試行の結果 1 の目が出たという状況を考えれば，当然ながら出る目は 1 なので $X = 1$ である．他の場合でも同様であり，X は関数

$$X(\omega) = \omega, \quad \omega = 1, \ldots, 6$$

と同じものであるとしても差し支えないだろう．なお，この表記は根元事象をどのように定めたかによって変わる． □

以下，確率変数は関数として扱うことにする．なお，普通の関数に対しては「関数 f」という書き方をするので，それにならって「確率変数 X」のようにそれ単体で表記する．ただし，実体は関数であることを念頭に置いておこう．

1.4.2 確率変数の演算

確率変数が与えられているときに，それらから計算される値を考えたいことがある．その簡単な例として，さいころを1回投げる試行を行い目を X とするとき，その2乗を考えてみよう．これもランダムに変動する量であり，根元事象を設定した範囲内の確率変数である．根元事象 ω が与えられたとき，つまり試行の結果がわかったときの計算の手順を追いかけてみると，根元事象 ω に対応して $X(\omega)$ の値が定まり，その値に対して2乗 $X(\omega)^2$ を計算するという手順で行うことになる．確率変数は関数であると考えているが，目の2乗に対応するのは確率変数と2乗を表す関数 $f(x) = x^2$ との合成関数なのである．以下，この確率変数のことを X^2 で表すことにしよう．

一般に，確率変数 X, Y の値を関数 $f\colon \mathbb{R} \to \mathbb{R}$, $g\colon \mathbb{R}^2 \to \mathbb{R}$ に代入して得られる新たな確率変数のことを $f(X)$, $g(X, Y)$ のように表すことにする．これらに対応する関数は

$$f(X)(\omega) = f\bigl(X(\omega)\bigr), \quad g(X, Y)(\omega) = g\bigl(X(\omega), Y(\omega)\bigr)$$

である．例えば，確率変数 X, Y の平均を考える場合は

$$g(x, y) = \frac{x + y}{2}$$

の合成を考えればよく，この確率変数を $\frac{X+Y}{2}$ で表す．なお，3つ以上の確率変数についても同様とする．

特に $a, b \in \mathbb{R}$ に対して，加減乗除，スカラー倍により生まれる確率変数

$$aX \pm bY, \quad XY, \quad \frac{X}{Y}$$

も定義することができる．ただし，最後の除算については $Y = 0$ となることがない場合に限り定義される．

1.4.3 確率変数に関する事象

「X がある範囲 A の値をとる」という事象は X による逆像

$$\bigl\{\omega \in \Omega;\ X(\omega) \in A\bigr\} = X^{-1}(A)$$

として定式化される．混乱がなければ，略して $\{X \in A\}$ のように表す．また，この確率を $P(X \in A)$ と略記する．

例題 1.3　例 1.1，例 1.6 の設定の下，確率変数 X を

$$X(\omega) = x, \quad \omega = (x, y)$$

で定める．つまり，X を 1 回目に出る目とする．この X が偶数になるという事象を書き下し，その確率を求めよ．

【解答】　偶数となる事象 A は

$$\begin{aligned} A &= \{\omega \in \Omega;\ X(\omega) = 2, 4, 6\} \\ &= \{(2,1), \ldots, (2,6), (4,1), \ldots, (4,6), (6,1), \ldots, (6,6)\} \end{aligned}$$

であるから，

$$P(A) = \frac{18}{36} = \frac{1}{2}$$

を得る．□

問題 1.8　問題 1.6 の設定の下，1 枚目のカードの数字を X，2 枚目のカードの数字を Y とする．このとき，次の問いに答えよ．

(1)　「X が 3 の倍数になる」という事象について，含まれる根元事象を全て書き出せ．また，この事象の確率を求めよ．

(2)　「積 XY が 3 の倍数になる」という事象について，含まれる根元事象を全て書き出せ．また，この事象の確率を求めよ．

1.4.4 確率変数と抽象化

なんらかの試行を考えるためには，標本空間 Ω とその上の確率 P，確率変数 X を適切に設定することになる．ただし，その選択肢は 1 通りではない．

例 1.11　さいころを 1 回投げる試行を行う．ここで，全ての根元事象は同様に確からしいと仮定しておこう．この試行に対応する，最もシンプルな Ω, P, X の設定は

$$\begin{aligned} &\Omega = \{1, \ldots, 6\}, \\ &P(A) = \frac{\#A}{6}, \quad A \subset \Omega, \\ &X(\omega) = \omega, \quad \omega = 1, \ldots, 6 \end{aligned}$$

であろう．

次に，さいころを 2 回投げることにしてみよう．全ての根元事象は同様に確からしいと仮定して設定，つまり Ω', P', X' を

$$\Omega' = \{(1,1), \ldots, (6,6)\},$$
$$P'(A) = \frac{\#A}{36}, \quad A \subset \Omega',$$
$$X'(\omega) = i, \quad \omega = (i, j)$$

と決めよう．このとき

$$P(X \in B) = P'(X' \in B), \quad B \subset \{1, \ldots, 6\}$$

が成り立ち，X, X' に関係する事象だけ考える限り，確率の値は変わらない．よって 1 回目の目だけに着目し他は考えないことにすれば Ω, P, X でも Ω', P', X' のどちらで計算しても構わないことになる．同様にすれば，さいころを何回投げることにしても，1 回目をみるだけなら結論は同じとなることがわかる． □

事象を根元事象の集合として書き下そうとすると，根元事象をどのように設定したか，その構造に依存した形にならざるをえない．しかし，対象となるランダムな量を確率変数として用意して，事象はその確率変数を使って表現するようにしておけば，裏にある根元事象を直接操作しなくても議論が可能になる．例 1.11 であれば，Ω, P, X を

$$P(X = 1) = \cdots = P(X = 6) = \frac{1}{6} \tag{1.10}$$

となるように設定してさえいれば，X に関係する事象の確率の値を求める上では，その根元事象がどのようなものであるかは特に考える必要がなくなるのである．例えば X が奇数である確率は，確率の加法性を用いると

$$\begin{aligned} P(X = 1, 3, 5) &= P(\{X = 1\} \cup \{X = 3\} \cup \{X = 5\}) \\ &= P(X = 1) + P(X = 3) + P(X = 5) \\ &= \frac{3}{6} = \frac{1}{2} \end{aligned}$$

と (1.10) だけから求めることができるのである．このことから，確率を設定するとき，Ω, P, X の満たすべき性質を (1.10) のように X の基本的な確率の振る舞いに対する条件で与え，背後にある標本空間をどのようなものにすればよいかについては言及しないことがある．

例題 1.4　確率変数 X が

$$P(X=1)=\cdots=P(X=5)=\frac{2}{15},$$
$$P(X=6)=\frac{1}{3}$$

を満たすとき，X が偶数となる確率を求めよ．

【解答】　X が偶数となることは，$X=2,4,6$ であることと等しいから，求める確率は

$$\begin{aligned}P(X=2,4,6)&=\frac{2}{15}+\frac{2}{15}+\frac{1}{3}\\&=\frac{3}{5}\end{aligned}$$

である．　□

問題 1.9　確率変数 X が例題 1.4 と同じ条件を満たすとき，X が 3 の倍数となる確率を求めよ．

注意 1.6　(1.10) のように X の基本的な確率の振る舞いに対する条件を与えたとき，その条件を満たすような Ω, P がとれるかという問題がある．とれなかった場合，その先の議論の全てが砂上の楼閣，無意味な物になってしまうため，この解答を与えることは数学としては重要な問題である．今の場合は簡単なのですぐ解答を与えることができたが，複雑な場合は非自明，時として非常に難しい問題となることもある．

1.5　条件付き確率と独立性

事象が 2 つ与えられたとき，それらが起こるかどうかの間に関連性がないことがある．さいころを 2 回投げる試行を行うとき，通常 1 回目の目と 2 回目の目とは関連性を見いだすことはできないと考えられる (いかさまさいころは別)．つまり，1 回目の目がわかったとしても，2 回目の目がどうなるかを予測することはできないと思われる．この節では，ランダムな物事に対し「関連性がない」ということを「独立性」として定式化しよう．そのために，「条件付き確率」と呼ばれるものも併せて導入する．

本節においては，標本空間 Ω および確率 P は既に導入されているとし，確率変数は全てこの上で定義されていると仮定する．

1.5.1 条件付き確率

事象が2つ与えられたとき，それらが起こるかどうかの間の関連性を考えたい．このためには，一方の事象が起こったことがわかったとして，他方の事象の確率がどのように影響を受けるか考えればよいであろう．そのために，「条件付き確率」と呼ばれるものを導入しよう．

定義 1.2 事象 A は $P(A) > 0$ を満たすと仮定する．このとき，

$$P(B \mid A) = \frac{P(B \cap A)}{P(A)}$$

を A の条件の下での B の**条件付き確率**という．

例 1.12 プレーヤ1とプレーヤ2がさいころをそれぞれ1回ずつ投げ，目が大きい方が勝ち，同じなら引き分けというゲームをする．プレーヤ1の目を X とし，プレーヤ2の目を Y とする．また事象 A を「プレーヤ2が勝つ」，つまり

$$A = \{X < Y\}$$

によって定めよう．なお，全ての目の組合せは同様に確からしいと仮定しておく．今の場合，例題 1.3 と同じ設定と考えればよい．

ゲームの詳しい結果（2人のプレーヤがどんな目を出したか）を知らない第三者が，事象 A が起きたこと，つまり プレーヤ2が勝ったことだけを聞かされたとしよう．このとき，可能性がある目の組合せは

X \ Y	1	2	3	4	5	6
1		*	*	*	*	*
2			*	*	*	*
3				*	*	*
4					*	*
5						*
6						

の * の部分に限られる．この状況下では，Y が1ではないことはわかっているし，また X が6ではないことは知っているのである．

この状況下で，ある事象 B について「A が起こり，かつ B が起きる」という確率を求めるには，この中でどれだけの根元事象が B を満たすのか，それを元に計算すればよい．例えば，$B = \{Y = 2\}$ の場合には，$\frac{1}{36}$ という答えになる．つまり A が起きたと仮定した場合の確率を計算するには，

$$\widetilde{P}_A(B) = P(A \cap B), \quad B \subset \Omega$$

を考えればよい．

* の部分に制限して考えているこの量は，A が起きている条件の下での B の「確率」を与えると思うことができる．しかしながら，この $\widetilde{P}_A(B)$ は，

$$\widetilde{P}_A(\Omega) = P(A \cap \Omega) = P(A)$$

であるから，一般に確率の定義を満たさない（全確率が 1 にならない）．そこで，確率になるよう，$P(A) > 0$ のとき

$$P_A(B) = \frac{\widetilde{P}_A(B)}{P(A)} = \frac{P(A \cap B)}{P(A)}$$

として $P_A(B)$ を定義する．これは * の部分だけで確率になるよう，正規化したものに他ならない．この $P_A(B)$ が A の下での B の条件付き確率 $P(B \mid A)$ である．なお，今の場合，$X < Y$ の下での $Y = 2$ の条件付き確率は

$$P(Y = 2 \mid X < Y) = \frac{\frac{1}{36}}{\frac{15}{36}} = \frac{1}{15}$$

である．□

例題 1.5　例 1.12 の設定の下，$P(X = 2 \mid X < Y)$ の値を求めよ．

【解答】　$P(X = 2, X < Y) = \frac{4}{36} = \frac{1}{9}$, $P(X < Y) = \frac{15}{36} = \frac{5}{12}$ だから，

$$P(X = 2 \mid X < Y) = \frac{\frac{1}{9}}{\frac{5}{12}} = \frac{4}{15}$$

である．□

問題 1.10　問題 1.6 と同じ設定の下，1 枚目のカードの数字を X とし，2 枚目のカードの数字を Y とする．このとき，次の問いに答えよ．

(1)　確率 $P(X < Y)$ を求めよ．

(2)　確率 $P(X < Y \mid X = 4)$ を求めよ．

1.5.2 ベイズの定理

試行が順を追った形になっていることがある．例えば，次のような問題を考えよう．

袋1には，赤玉が7個，白玉が3個入っている．また袋2には，赤玉が3個，白玉が7個入っている．この袋1, 2を使って次の試行を行う：

(1) 袋1, 2から確率 $\frac{1}{2}$ で1つ選ぶ．
(2) 選んだ袋から玉を取り出す．袋の中のどの玉が取り出されるかは等確率であるとする．

このとき，玉の色が赤であるという条件の下での，袋1を選ぶ条件付き確率を求めよ．

この設定の下で，事象 A_1, A_2, B_1, B_2 を

A_1:「袋1を選ぶ」

A_2:「袋2を選ぶ」

B_1:「玉の色が赤である」

B_2:「玉の色が白である」

とすると，時系列に沿った条件付き確率は，問題設定から

$$P(A_1) = \frac{1}{2}, \quad P(B_1 \mid A_1) = \frac{7}{10}, \quad P(B_2 \mid A_1) = \frac{3}{10},$$
$$P(A_2) = \frac{1}{2}, \quad P(B_1 \mid A_2) = \frac{3}{10}, \quad P(B_2 \mid A_2) = \frac{7}{10}$$

となっている．今の場合，時系列が反転した $P(A_1 \mid B_1)$ が求めたい条件付き確率だが，これはどのようにして計算すればよいであろうか．具体的に条件を満たす根元事象・標本空間を設定して値を求めることも可能であるが，実は次の「**ベイズの定理**」を使えば上の6つの値だけから計算できる．

定理 1.2 ベイズの定理

事象 $A_1, \dots, A_n$ は互いに排反であり，次の条件を満たすと仮定する：

(1) $A_1 \cup \cdots \cup A_n = \Omega$

(2) 全ての $1 \le k \le n$ に対して $P(A_k) > 0$ である．

このとき，$P(B) > 0$ なる事象 B に対して，

$$P(A_k \mid B) = \frac{P(A_k)P(B \mid A_k)}{\sum_{l=1}^{n} P(A_l)P(B \mid A_l)}$$

が成り立つ．

【証明】 仮定 (1) と定義 1.2 から，

$$\begin{aligned} P(B) &= \sum_{l=1}^{n} P(B \cap A_l) \\ &= \sum_{l=1}^{n} P(A_l)P(B \mid A_l) \end{aligned}$$

が成り立つ．また，

$$P(A_k \cap B) = P(A_k)P(B \mid A_k)$$

が成り立つこともわかる．従って，定義 1.2

$$P(A_k \mid B) = \frac{P(A_k \cap B)}{P(B)}$$

の右辺において，上で得られた式を代入すれば結論が得られる． □

冒頭の問いに対しては，このベイズの定理から

$$\begin{aligned} P(A_1 \mid B_1) &= \frac{P(A_1)P(B_1 \mid A_1)}{P(A_1)P(B_1 \mid A_1) + P(A_2)P(B_1 \mid A_2)} \\ &= \frac{\frac{1}{2} \cdot \frac{7}{10}}{\frac{1}{2} \cdot \frac{7}{10} + \frac{1}{2} \cdot \frac{3}{10}} \\ &= \frac{7}{10} \end{aligned}$$

を得る．

問題 1.11 次のような3つの袋がある.

- 袋1には，赤玉が1個，白玉が9個入っている.
- 袋2には，赤玉が2個，白玉が8個入っている.
- 袋3には，赤玉が3個，白玉が7個入っている.

この袋1, 2, 3を使って次の試行を行う：

(1) 袋1, 2, 3の中から確率 $\frac{1}{3}$ で1つ選ぶ.

(2) 選んだ袋から玉を取り出す．袋の中のどの玉が取り出されるかは等確率であるとする.

このとき，玉の色が赤であるという条件の下での，袋3を選ぶ条件付き確率を求めよ.

1.5.3 事象の独立性

関連性を調べるために条件付き確率を導入したので，これを使って無関係を意味する「独立」の定義を与えよう.

定義 1.3 2つの事象の独立性

事象 A, B が独立であるとは，

$$P(A \cap B) = P(A)P(B) \tag{1.11}$$

が成り立つときにいう.

注意 1.7 上の定義の意味であるが，条件付き確率を考えると明確になる．まず，事象 A が $P(A) > 0$ を満たすと仮定する．事象 B が A と独立であるとは，事象 B の確率が A が起こったことがわかったとしても変化しない，つまり

$$P(B \mid A) = P(B) \tag{1.12}$$

であることとしよう．$P(A) > 0$ の仮定の下では，条件付き確率の定義によって (1.11) と (1.12) は同値である．ここでは $P(A) > 0$ であることを仮定したが，(1.11) は $P(A) = 0$ であっても意味を持ち，これをもって独立性を定義したのである.

問題 1.12 事象 A, B は独立であると仮定する．このとき，以下を示せ.

(1) A, B^c は独立である.

(2) A^c, B^c は独立である.

Hint: $A = (A \cap B) \cup (A \cap B^c)$ であり，右辺は排反な集合の和集合である.

次に，2 個以上の複数の事象について，独立性を定義しよう．直観的には「A, B, C, D が無関係である」というと，A, B, C も無関係だと考えるし，B, C も無関係だと考えるであろう．これに合わせて独立な事象の列があったとき，その一部分を取り出しても独立であるように定義する．

定義 1.4　複数の事象の独立性

事象の列 $A_1, \ldots, A_n$ が独立であるとは，任意の相異なる

$$1 \leq i_1, \ldots, i_m \leq n$$

に対して，

$$P(A_{i_1} \cap \cdots \cap A_{i_m}) = P(A_{i_1}) \cdots P(A_{i_m})$$

が成り立つときにいう．

注意 1.8　独立の定義を単純に

$$P(A_1 \cap \cdots \cap A_n) = P(A_1) \cdots P(A_n)$$

としてしまうと，先に述べたような「一部分を取り出しても独立である」という性質は一般には成り立たなくなることに注意しよう．実際，$A_n = \emptyset$ であると，他がどのような事象であっても上の式は成立する．

問題 1.13　事象 A_1, A_2, A_3 について，以下の問いに答えよ．

(1)　事象 A_1, A_2, A_3 が独立であることと，全ての相異なる $1 \leq i, j, k \leq 3$ に対し

$$P(A_i \cap A_j) = P(A_i)P(A_j)$$
$$P\big(A_i \cap (A_j \cap A_k)\big) = P(A_i)P(A_j \cap A_k)$$

が成り立つこととは同値であることを確認せよ．

(2)　事象 A_1, A_2, A_3 が独立であるならば，A_1 と $A_2 \cup A_3$ は独立であることを示せ．

Hint: $A_2 \cup A_3 = A_2 \cup (A_3 \cap A_2^c)$ であり，右辺は排反な集合の和集合である．これと分配則（定理 A.1）を用いて $A_1 \cap (A_2 \cup A_3)$ を分解しその確率を変形する．問題 1.12 の事実をうまく使おう．

1.5.4　確率変数の独立性

確率変数について，その独立性を「一方の結果がわかったとして，他方の結果についてその確率に影響を及ぼさない」という形で導入しよう．

定義 1.5 確率変数の独立性

確率変数 $X_1, \ldots, X_n$ が独立であるとは，任意の $a_i, b_i \in \mathbb{R} \cup \{\pm\infty\}$ （$1 \leq i \leq n$）に対して，事象 $\{a_i \leq X_i \leq b_i\}$ が独立であるときにいう．つまり，任意の相異なる $1 \leq i_1, \ldots, i_m \leq m$ に対して

$$\begin{aligned} &P\left(a_{i_1} \leq X_{i_1} \leq b_{i_1}, \ldots, a_{i_m} \leq X_{i_m} \leq b_{i_m}\right) \\ &\quad = P\left(a_{i_1} \leq X_{i_1} \leq b_{i_1}\right) \cdots P\left(a_{i_m} \leq X_{i_m} \leq b_{i_m}\right) \end{aligned} \tag{1.13}$$

が成り立つときにいう．ただし $x \in \mathbb{R}$ に対して，$x \leq \infty, x \geq -\infty$ は常に成り立っているものと約束する．

いささか定義が込み入っており，確率変数が独立であるかどうか確かめるには不便である．同値な条件で，もう少し見やすいものを紹介しておく．

定理 1.3 確率変数 $X_1, \ldots, X_n$ が独立であることと，任意の $a_i, b_i \in \mathbb{R} \cup \{\pm\infty\}$ （$1 \leq i \leq n$）に対して

$$\begin{aligned} &P(a_1 \leq X_1 \leq b_1, \ldots, a_n \leq X_n \leq b_n) \\ &\quad = P(a_1 \leq X_1 \leq b_1) \cdots P(a_n \leq X_n \leq b_n) \end{aligned} \tag{1.14}$$

が成り立つことは同値．

【証明】 独立であれば，(1.14) が成り立つのはすぐにわかる（「どんな取り出し方をしても (1.13) が成り立つ」というのが独立性の定義なので，一部分として，特に全てを指定すればよい）．(1.14) から独立性を証明しよう．$a_i, b_i \in \mathbb{R} \cup \{\pm\infty\}$ （$1 \leq i \leq n$）は与えられているとする．このとき，任意の $1 \leq i_1, \ldots, i_m \leq n$ に対して (1.13) を示せばよい．ここで，$\widetilde{a}_i, \widetilde{b}_i$ を

$$\widetilde{a}_i = \begin{cases} a_i, & i \text{ が } i_1, \ldots, i_m \text{ のいずれかのとき} \\ -\infty, & i \text{ が } i_1, \ldots, i_m \text{ のいずれでもないとき,} \end{cases}$$

$$\widetilde{b}_i = \begin{cases} b_i, & i \text{ が } i_1, \ldots, i_m \text{ のいずれかのとき} \\ \infty, & i \text{ が } i_1, \ldots, i_m \text{ のいずれでもないとき} \end{cases}$$

により決める．このとき，(1.14) は $\widetilde{a}_i, \widetilde{b}_i$ に対しても成り立ち，よって

$$P(\widetilde{a}_1 \le X_1 \le \widetilde{b}_1, \ldots, \widetilde{a}_n \le X_n \le \widetilde{b}_n) \\ = P(\widetilde{a}_1 \le X_1 \le \widetilde{b}_1) \cdots P(\widetilde{a}_n \le X_n \le \widetilde{b}_n)$$

が成り立つ．ここで，i が $i_1, \ldots, i_m$ のいずれでもないとき，$\widetilde{a}_i \le X_i \le \widetilde{b}_i$ は常に成り立つことに注意すると，上の左辺は

$$P(a_{i_1} \le X_{i_1} \le b_{i_1}, \ldots, a_{i_m} \le X_{i_m} \le b_{i_m})$$

となる．また右辺に対しても同様に，

$$P(a_{i_1} \le X_{i_1} \le b_{i_1}) \cdots P(a_{i_m} \le X_{i_m} \le b_{i_m})$$

となる．以上から，(1.13) が成り立つことが示された．□

独立な事象の列があったとき，それらから一部を取り出しても独立性は崩れない．この反映として，確率変数に対しても同様のことが成り立つ．

定理 1.4 確率変数の列 $X_1, \ldots, X_n$ が独立であると仮定する．このとき，任意の $1 \le m \le n$ および $f \colon \mathbb{R}^{n-m} \to \mathbb{R}$ に対して，

$$X_1, \ldots, X_m,\ f(X_{m+1}, \ldots, X_n)$$

は独立となる．

もし $X_1, \ldots, X_n$ が「離散型」つまり値が有限個に限られるならば，$f(X_{m+1}, \ldots, X_n)$ についての事象を $X_{m+1}, \ldots, X_n$ の値による場合分けの形に書いてしまってから独立性を使えば証明できる（余裕がある人は試みられたい）．一般の場合は，かなり込み入った話になる（かなり準備が必要な上，証明自体面倒）ので，ここでは証明を省略し，事実として認めることにする．

1.5.5 独立であることの確認

確率変数の独立性を定義したので，これに従い，実際の例において独立性を確かめてみよう．

例 1.13 例 1.1，例 1.6 の設定の下，確率変数 X, Y を

$$X(\omega) = x, \quad Y(\omega) = y, \quad \omega = (x, y)$$

で定める．つまり，1 回目，2 回目のサイコロの目を表す確率変数を X, Y とする．この X, Y が独立であることを確かめてみよう．

証明を始める前に，少し準備をしておこう．この X, Y は

$$P(X = x) = \frac{1}{6}, \quad x = 1, \ldots, 6$$

を満たし，Y についても同様のことが成り立つ．従って，

$$P(X = x)P(Y = y) = \frac{1}{36}, \quad x, y = 1, \ldots, 6$$

を満たす．また

$$P(X = x, Y = y) = P\bigl(\{(x, y)\}\bigr) = \frac{1}{36}, \quad x, y = 1, \ldots, 6$$

であるから，

$$P(X = x, Y = y) = P(X = x)P(Y = y), \quad x, y = 1, \ldots, 6 \tag{1.15}$$

が成り立つことがわかる．

準備ができたので，X, Y の独立性を証明しよう．任意の $A, B \subset \mathbb{R}$ に対して，上の式から

$$\begin{aligned} P(X \in A, Y \in B) &= \sum_{1 \le x \le 6, x \in A} \sum_{1 \le y \le 6, y \in B} P(X = x, Y = y) \\ &= \sum_{1 \le x \le 6, x \in A} \sum_{1 \le y \le 6, y \in B} P(X = x)P(Y = y) \\ &= \sum_{1 \le x \le 6, x \in A} P(X = x) \sum_{1 \le y \le 6, y \in B} P(Y = y) \\ &= P(X \in A)P(Y \in B) \end{aligned}$$

が得られる．以上により，X, Y が独立であることが示された．□

注意 1.9 (1.15) 以降の議論は，取りうる値が高々可算個しかない場合にはいつでも適用可能である．従って他の場合でも，(1.15) に相当する関係式が成り立つかどうかまず確かめよう．

問題 1.14 1.3 節の問題 1.6 の設定の下，1 枚目のカードの数字を X，2 枚目のカードの数字を Y とする．このとき，X, Y は独立であるか，根拠とともに答えよ．

第1章　演習問題

演習 1.1　赤玉5個，白玉2個，青玉3個が入っている袋がある．この袋から，順に2つを取り出す（取り出した玉は袋へ戻さない）試行を行う．現れうる玉の組合せは等確率で出現すると仮定し，以下の問いに答えよ．

(1)　根元事象・標本空間・確率を適切に設定せよ．

(2)　事象 A を「1つ目の玉の色が青である」とするとき，A を集合の形で表せ．またその確率を求めよ．

(3)　「玉の色が同じである」という事象を B とする．このとき，条件付き確率 $P(A \mid B)$, $P(B \mid A)$ の値を求めよ．

演習 1.2　1.2.2項の例1.1，1.3節の例1.7の設定で，確率変数 X, Y を $X(\omega) = x$, $Y(\omega) = y$, $\omega = (x, y)$ で定める．このとき，以下の問いに答えよ．

(1)　$P(X = 1), \ldots, P(X = 6)$ の値を求めよ．

(2)　X, Y は独立であるか，根拠とともに答えよ．

演習 1.3　事象 A, B, C は次を満たしている．このとき以下の問いに答えよ．

$$P(A) = \tfrac{2}{9}, \qquad P(B) = \tfrac{5}{18}, \qquad P(C) = \tfrac{1}{3},$$
$$P(A \mid B) = \tfrac{2}{5}, \quad P(B \mid C) = \tfrac{1}{6}, \quad P(C \mid A) = \tfrac{1}{4}$$

(1)　$P(A \cap B)$, $P(A \cup B)$ の値を求めよ．

(2)　$P(A \cap B \cap C) = \frac{1}{54}$ のとき，$P(A \cup B \cup C)$ の値を求めよ．

演習 1.4　次を満たす（いびつな）さいころを作成したとする：1の出る確率が $\frac{1}{3}$ であり，他の目が出る確率は全て $\frac{2}{15}$ である．このさいころを2回投げる試行を行い，X を1回目の目とし，Y を2回目の目とするとき以下の問いに答えよ．なお，X, Y は独立であるとする．

(1)　積 XY が偶数である確率を求めよ．　　(2)　$P(X < Y)$ の値を求めよ．

演習 1.5　20枚のカードがあり，それぞれ $1 \sim 20$ の数が書かれている．このカードから，順に2枚引く（1枚目を引いたら戻さない）試行を行い X を1枚目の数字とし，Y を2枚目の数字とする．現れうるカードの組合せは等確率で出現すると仮定し，以下の問いに答えよ．

(1)　$P(X > Y)$ の値を求めよ．　　(2)　$P(X = 14 \mid X > Y)$ の値を求めよ．

演習 1.6　事象 A, B, C について，A と B，B と C，C と A が独立であるとき，A, B, C は独立となるか．もし正しければ証明を与え，正しくないならば反例を挙げよ．

第2章 離散型確率変数

確率変数が与えられたとき，その振る舞い方はどのように記述すればよいだろうか．確率変数 X の取りうる値が高々可算個であるとき X は**離散型**であるというが，この場合に限定して考えてみることにしよう．また，この場合の期待値について定義を与える．

2.1 離散型確率変数とその確率分布

2.1.1 離散型確率変数とその確率分布

離散型確率変数 X が与えられたとき，その振る舞いを記述するには何が必要であろうか．X の取りうる値が

$$x_1, \ldots, x_n, \ldots$$

であると仮定すると，X に関係する事象の確率は次のようにして求められる：

$$P(X \in B) = \sum_{k \geq 1;\, x_k \in B} P(X = x_k)$$

よって，右辺の $P(X = x_k)$ の部分が与えられれば，X に関係する事象の確率を求めることができる．この $P(X = x_k)$ のことを X の確率分布と呼ぶことにしよう．

定義 2.1　確率分布

確率変数 X が離散型であり，取りうる値を列挙すると

$$A = \{x_1, \ldots, x_n, \ldots\}$$

であるとする．このとき，

$$f(x_k) = P(X = x_k)$$

で与えられる関数 $f\colon A \to [0,1]$ のことを X の**確率分布**という．

注意 2.1 (1) $P(X \in A) = 1$ だから，これに加法性を適用すると

$$1 = P(X \in A) = P\left(X \in \bigcup_k \{x_k\}\right)$$
$$= \sum_k P(X = x_k)$$
$$= \sum_k f(x_k)$$

が得られる．従って，確率分布の総和は常に 1 である．

(2) $A \subset \mathbb{R}$ を空でない高々可算な集合とし，関数 $f\colon A \to [0,1]$ は

$$\sum_{x \in A} f(x) = 1$$

を満たすと仮定する．このとき

$$Q(C) = \sum_{x \in C} f(x), \quad C \subset A$$

により Q を定めれば，Q は $\Omega = A$ を標本空間とする確率を与える．また，この上の確率変数 $X\colon \Omega \to \mathbb{R}$ を

$$X(x) = x, \quad x \in \Omega$$

で定めれば明らかに X の確率分布は f である．従ってこの条件を満たす集合 A および関数 f が与えられれば，対応する確率変数が存在することがわかる．

ある確率変数 X, Y の確率分布がそれぞれ与えられたとき，その関係について考えることはできるであろうか．次の例で考えてみよう．

例 2.1 確率変数 X, Y はそれぞれ，次を満たすと仮定する：

$$P(X = 1) = P(X = 0) = \frac{1}{2},$$
$$P(Y = 1) = P(Y = 0) = \frac{1}{2}$$

この条件だけから，$P(X = 1, Y = 1)$ の値は決まるだろうか．答えは No である．上の条件を満たす X, Y の取り方には複数あり，なおかつ $P(X = 1, Y = 1)$ の値も異なる．

(1)　確率変数 X は

$$P(X=1)=P(X=0)=\frac{1}{2}$$

を満たすものとし，確率変数 Y を $Y=X$ により定める．つまり，$X=1$ のときは $Y=1$ とし，$X=0$ のときは $Y=0$ とするのである．このとき

$$P(Y=1)=P(Y=0)=\frac{1}{2}$$

が成り立つ．この場合

$$P(X=1,Y=1)=P(X=1)=\frac{1}{2}$$

である．

(2)　確率変数 X は

$$P(X=1)=P(X=0)=\frac{1}{2}$$

を満たすものとし，確率変数 Y を $Y=1-X$ により定める．つまり，$X=1$ のときは $Y=0$ とし，$X=0$ のときは $Y=1$ とするのである．このときも

$$P(Y=1)=P(Y=0)=\frac{1}{2}$$

が成り立つ．この場合，$X=Y$ とはなりえないから，

$$P(X=1,Y=1)=0$$

である．

従って，確率変数 X,Y のそれぞれの確率分布がわかったからといって，それらの関係がどうなっているかはわからないのである． □

ある確率変数 X の確率分布に着目するということは，「X だけに着目しそれ以外の確率変数の振る舞いについては考えない」ということも意味する．従って，確率変数間の関係を考察することができなくなるのである．確率変数間の関係も考えられるよう，確率分布に対応した複数の確率変数を同時に取り扱えるものも導入しておこう．

定義 2.2　同時確率分布

確率変数 X, Y が離散型であり，それぞれの取りうる値は

$$A = \{x_1, \ldots, x_n, \ldots\},$$

$$B = \{y_1, \ldots, y_m, \ldots\}$$

であるとする．このとき，

$$f(x_k, y_l) = P(X = x_k, Y = y_l)$$

で与えられる関数 $f\colon A \times B \to [0, 1]$ のことを X, Y の**同時確率分布**という．3 つ以上の確率変数に対しても同様に定義できる．

注意 2.2　ベクトル値の確率変数を許すことにし，その上の確率分布も定義すれば，X, Y の同時確率分布は $\mathbb{R}^2$ 値の確率変数 $\mathbb{X} = (X, Y)$ の確率分布とも考えられる．

注意 2.3　(1)　$P(X \in A, Y \in B) = 1$ だから，これに加法性を適用すると

$$\begin{aligned} 1 &= P(X \in A, Y \in B) \\ &= \sum_k \sum_l P(X = x_k, Y = y_l) \\ &= \sum_k \sum_l f(x_k, y_l) \end{aligned}$$

が得られる．従って，同時確率分布の総和も常に 1 である．

(2)　A, B を空でない高々可算な集合とし，関数 $f\colon A \times B \to [0, 1]$ は

$$\sum_{x \in A} \sum_{y \in B} f(x, y) = 1$$

を満たすと仮定する．このとき

$$Q(C) = \sum_{(x,y) \in C} f(x, y), \quad C \subset A \times B$$

により Q を定めれば，Q は $\Omega = A \times B$ を標本空間とする確率を与える．また，この上の確率変数 $X, Y\colon \Omega \to \mathbb{R}$ を

$$X(\omega) = x, \quad \omega = (x, y)$$

および

$$Y(\omega) = y, \quad \omega = (x, y)$$

で定めれば明らかに X, Y の同時確率分布は f である．従ってこの条件を満たす集合 A, B および関数 f が与えられれば，対応する確率変数が存在することがわかる．

2.1.2 離散型確率変数の代表例

確率分布を導入したので，いくつか代表的な例を挙げておこう．

定義 2.3　離散型確率変数（の分布）で最も簡単なものの一つは，

$$P(X=1)=p, \quad P(X=0)=q, \quad (p,q \geq 0,\, p+q=1)$$

であろう．この分布に従う確率変数のことをパラメータ p の**ベルヌーイ試行**と呼ぶ．また，パラメータ p の**ベルヌーイ分布**に従うということもある．

公平なコインに対するコイントスは，$p=\frac{1}{2}$ として，$0, 1$ を表・裏に読み替えた場合に相当する．

定義 2.4　$n \in \mathbb{N}$ とし，$p, q \geq 0$ は $p+q=1$ を満たすものとする．X の確率分布が

$$P(X=k) = {}_n\mathrm{C}_k\, p^k q^{n-k}, \quad 0 \leq k \leq n \tag{2.1}$$

で与えられるとき，X はパラメータ n, p の**二項分布**に従うといい，$X \sim Bin(n,p)$ で表す．

二項分布の定義において，組合せの総数，別名**二項係数** ${}_n\mathrm{C}_k$ が現れている．その性質を今後の計算において幾度となく使うので，ここでまとめておくことにする．

定理 2.1　二項係数

$${}_n\mathrm{C}_k = \frac{n!}{k!\,(n-k)!}, \quad n \geq 1, 0 \leq k \leq n$$

は次を満たす．

(1)　$n, m \geq 1$ および $k \geq 0$ に対して，

$${}_{n+m}\mathrm{C}_k = \sum_{j=0}^{m} {}_n\mathrm{C}_{k-j} \cdot {}_m\mathrm{C}_j$$

が成り立つ．ただし，便宜上 $k<0$ もしくは $k>n$ のときは ${}_n\mathrm{C}_k = 0$ と約束する．

(2)　任意の $n \geq 1$, $0 \leq k \leq n$ に対して，

$${}_n\mathrm{C}_{k-1} + {}_n\mathrm{C}_k = {}_{n+1}\mathrm{C}_k$$

が成り立つ．

(3) 任意の実数 x, y に対して，

$$(x+y)^n = \sum_{k=0}^{n} {}_n\mathrm{C}_k\, x^k y^{n-k}$$

が成り立つ（**二項定理**）.

注意 2.4 (1) 二項定理を用いると，(2.1) の右辺の和は

$$\sum_{k=0}^{n} {}_n\mathrm{C}_k\, p^k q^{n-k} = (p+q)^n = 1$$

となることがわかる．注意 2.1 (2) にある条件が確かめられたから，二項分布に従う確率変数を考えることは可能であることがわかる．

(2) 定義 2.3，定義 2.4 から，X がパラメータ p のベルヌーイ試行であるということと，$X \sim Bin(1,p)$ であることは同値である．

(3) 例 1.4，例題 1.2 は二項分布 $Bin(4, \frac{1}{2})$ の計算そのものである．

ベルヌーイ試行と二項分布を別個に導入したが，これらには密接な関係がある．

定理 2.2 確率変数 $X_1, \ldots, X_n$ は独立な，パラメータ p のベルヌーイ試行であるとし，

$$S_n = \sum_{i=1}^{n} X_i$$

とする．このとき，S_n はパラメータ n, p の二項分布に従う，つまり

$$P(S_n = k) = {}_n\mathrm{C}_k\, p^k q^{n-k}, \quad 0 \leq k \leq n \tag{2.2}$$

が成り立つ．

【証明】 いくつか証明法はあるが，ここでは n についての帰納法により (2.2) を証明しよう．

(1) $n=1$ のとき，${}_1\mathrm{C}_0 = {}_1\mathrm{C}_1 = 1$ であるから

$$P(S_n = 0) = P(X_1 = 0) = q = {}_1\mathrm{C}_0\, p^0 q^{1-0}$$

および

$$P(S_n = 1) = P(X_1 = 1) = p = {}_1\mathrm{C}_1\, p^1 q^{1-1}$$

がわかる．よってこの場合 (2.2) は正しい．

(2) $n = N$ まで (2.2) は正しいと仮定する．このとき，S_{N+1} の分布を求めよう．まず

$$P(S_{N+1} = 0) = P(X_1 = \cdots = X_{N+1} = 0) \\ = q^{N+1} = {}_{N+1}\mathrm{C}_0\, p^0 q^{N+1-0}$$

であるから，$k = 0$ のとき正しいことがわかる．以下，$k \geq 1$ を仮定する．X_{N+1} の値によって場合分けすると，1.5.4 項の定理 1.4 により S_N と X_{N+1} が独立であることに注意して，

$$\begin{aligned} P(S_{N+1} = k) &= P(S_{N+1} = k,\, X_{N+1} = 1) + P(S_{N+1} = k,\, X_{N+1} = 0) \\ &= P(S_N = k-1,\, X_{N+1} = 1) + P(S_N = k,\, X_{N+1} = 0) \\ &= P(S_N = k-1)P(X_{N+1} = 1) + P(S_N = k)P(X_{N+1} = 0) \\ &= {}_N\mathrm{C}_{k-1}\, p^{k-1} q^{N-k+1} \cdot p + {}_N\mathrm{C}_k\, p^k q^{N-k} \cdot q \\ &= ({}_N\mathrm{C}_{k-1} + {}_N\mathrm{C}_k)\, p^k q^{N+1-k} \end{aligned}$$

が得られる．ここで，定理 2.1 (2) を用いれば，

$$P(S_{N+1} = k) = {}_{N+1}\mathrm{C}_k\, p^k q^{N+1-k}$$

を得る．従って $n = N + 1$ の場合も (2.2) は正しい．

以上から，任意の $n \in \mathbb{N}$ に対して (2.2) が成り立つ． □

定義 2.5 $n \in \mathbb{N}$ とし，$p, q \geq 0$ は $p + q = 1$ を満たすものとする．X の確率分布が

$$P(X = k) = pq^{k-1}, \quad k \geq 1$$

で与えられるとき，X はパラメータ p の**幾何分布**に従うといい，$X \sim Ge(p)$ で表す．上の式が正しく確率分布を定めることは，

$$\sum_{k=1}^{\infty} pq^{k-1} = \frac{p}{1-q} = 1 \qquad \text{（無限等比級数の和の公式）}$$

を使えば確かめられる．

幾何分布もベルヌーイ試行と別個に導入したが，これらには密接な関係がある．

定理 2.3　確率変数 $X_1, \ldots, X_n, \ldots$ は独立な，パラメータ p のベルヌーイ試行であるとし，T を $X_n = 1$ となる最小の n，つまり独立なベルヌーイ試行を繰り返したとき 1 が現れるまでの回数とする．このとき

$$T \sim Ge(p)$$

である．

注意 2.5　(1)　T を具体的に数式で表すと，

$$T = \inf\{n \geq 1;\, X_n = 1\}$$

となる．なお，$\inf \emptyset = \infty$ と約束する．つまり，いつまで経っても 1 が出ない可能性は否定できないのだが，この場合は無限大と約束する．

(2)　本書では定義 2.5 により幾何分布を定義したが，

$$P(X = k) = pq^k, \quad k \geq 0$$

をもって幾何分布であると定義する場合もある．これは独立なベルヌーイ試行を繰り返したとき 1 が現れるまでに 0 が出た回数に対応する．

【証明】　$k \geq 1$ に対し，事象 $\{T = k\}$ は

$$\{T = k\} = \{X_1 = 0, \ldots, X_{k-1} = 0, X_k = 1\}$$

と書き換えられるから，$X_1, \ldots, X_n, \ldots$ の独立性により

$$\begin{aligned} P(T = k) &= P(X_1 = 0) \times \cdots \times P(X_{k-1} = 0) \times P(X_k = 1) \\ &= pq^{k-1} \end{aligned}$$

となる．　□

問題 2.1　確率変数 $X_1, \ldots, X_n, \ldots$ は独立であり，

$$P(X_k = 1) = P(X_k = 2) = P(X_k = 3) = \frac{1}{3}, \quad k = 1, 2, \ldots$$

を満たすと仮定する．このとき，確率変数 T を 1, 2, 3 が全て出そろうまでの回数，つまり

$$T = \inf\bigl\{n \geq 1;\, \{X_1, \ldots, X_n\} = \{1, 2, 3\}\bigr\}$$

により定めるとき，T の確率分布を求めよ．

Hint: $k \geq 3$ に対して，$P(T = k,\, X_k = 1)$ を求めてみよう．

定義 2.6　$\lambda > 0$ とする．X の確率分布が

$$P(X = k) = e^{-\lambda} \frac{\lambda^k}{k!}, \quad k \in \mathbb{N} \cup \{0\}$$

で与えられるとき，X はパラメータ λ の**ポアソン分布**に従うといい，$X \sim Po(\lambda)$ と書く．なお，指数関数のテイラー展開（参考文献[3] p.78 を参照）

$$\sum_{n=0}^{\infty} \frac{\lambda^n}{n!} = e^{\lambda}$$

により，2.1.1 項の注意 2.1 (2) にある条件が確かめられるから，ポアソン分布に従う確率変数を考えることは可能であることがわかる．

2.1.3　独立な離散型確率変数の和

離散型の場合，独立な確率変数の和の確率分布をもとの確率分布から計算することができる．

定理 2.4　離散型確率変数 X, Y が独立であり，それぞれの分布が $f(x)$, $g(y)$ で与えられていると仮定する．このとき，$Z = X + Y$ の分布 h は

$$h(z) = \sum_y f(z - y) g(y)$$

で与えられる．なお，X, Y の役割を入れ替えれば，

$$h(z) = \sum_x f(x) g(z - x)$$

とも表されることがわかる．この右辺に現れる和のことを**たたみ込み**という．

【証明】　離散型であるから，場合分けをすることにより，以下を得る．

$$\begin{aligned}
P(Z = z) &= \sum_y P(X + Y = z, Y = y) \\
&= \sum_y P(X + y = z, Y = y) \\
&= \sum_y P(X + y = z) P(Y = y) \qquad \text{（独立性を用いた）} \\
&= \sum_y P(X = z - y) P(Y = y)
\end{aligned}$$

□

上のことを使うと，二項分布に従う独立な確率変数があったとき，その和が再び二項分布に従うことが確かめられる．

例題 2.1　X, Y は独立な確率変数であり，それぞれ

$$X \sim Bin(n,p), \quad Y \sim Bin(m,p)$$

であるとする．このとき，$Z = X + Y$ の確率分布を求めよ．

【解答】　定理 2.4 を使うと，X, Y の確率分布 f, g はそれぞれ

$$f(i) = {}_n\mathrm{C}_i \, p^i (1-p)^{n-i}, \qquad 0 \leq i \leq n,$$

$$g(j) = {}_m\mathrm{C}_j \, p^j (1-p)^{m-j}, \qquad 0 \leq j \leq m$$

である．$k < 0, n < k$ のときは ${}_n\mathrm{C}_j = 0$ であるとすれば Z の確率分布 h は

$$h(k) = \sum_{j=0}^{m} {}_n\mathrm{C}_{k-j} \, p^{k-j} (1-p)^{n-(k-j)} \cdot {}_m\mathrm{C}_j \, p^j (1-p)^{m-j}$$

$$= \sum_{j=0}^{m} {}_n\mathrm{C}_{k-j} \cdot {}_m\mathrm{C}_j \, p^k (1-p)^{n+m-k}$$

となる．ここで，定理 2.1 (1) を用いると

$$h(k) = {}_{n+m}\mathrm{C}_k \, p^k (1-p)^{n+m-k}, \quad 0 \leq k \leq n+m$$

を得る．つまり，Z は二項分布に従うことがわかる．　□

このように，

独立な確率変数が共にある分布に従うならば，その和も同じ分布（パラメータは異なってもよい）に従う

ということが成り立つとき，その分布は**再生性**を持つという．つまり，二項分布（ただし確率の部分は揃っていなくてはならない）は再生性を持つ．

ポアソン分布も二項分布と同様，再生性を持つ．つまり，ポアソン分布に従う 2 つの独立な確率変数があったとき，その和は再びポアソン分布に従うのである．

定理 2.5　確率変数 X, Y は独立であり，それぞれパラメータ λ_1, λ_2 のポアソン分布に従うと仮定する．このとき，$X+Y$ はパラメータ $\lambda_1+\lambda_2$ のポアソン分布に従う．

問題 2.2　以下の問いに答え，定理 2.5 を証明せよ．

(1)　X, Y が非負の整数値しか取らないことに注意して，X についての場合分けを行い

$$P(X+Y=k)=\sum_{i=0}^{k} P(X=i)P(Y=k-i), \quad k \geq 0$$

となることを確認せよ．

(2)　$P(X+Y=k)$ を k の式で表せ．

Hint:　二項定理（定理 2.1 (3)）を用いる．

2.2　離散型確率変数の期待値

2.2.1　期待値の定義と計算例

確率変数に対して，「期待値」と呼ばれる量を「取りうる値の確率の重み付き平均」の形で導入しよう．

定義 2.7　確率変数 X は離散型であるとする．このとき，X の取りうる値が

$$x_1, x_2, \ldots$$

である（なおかつ重複しないものとする）とき，

$$E[X]=\sum_{k} x_k P(X=x_k)$$

のことを X の**期待値**と呼ぶ．

注意 2.6　(1)　確率変数の期待値は，その確率分布にのみ依存して決まる量である．確率分布が等しい限り，どのような出自であるか，どのような作り方であったかに関わらず同じ値になる．

(2)　期待値というと，独立に何度も試行を繰り返したとき，その結果の算術平均の近づく値，試行を繰り返したときに「期待」される値というイメージがあるのではないだろうか．第4章で扱うが，定理として「算術平均の極限として期待値が現れる」

ということが知られており，上で述べたイメージは正当化される．このことは「大数の法則」（4.1 節参照）と呼ばれている．

(3) 期待値の定義において，右辺が無限和になっている可能性がある．従って，和が意味を持たないことや，和が発散することも起こりうることには注意が必要である．例えば，確率変数 X の分布が

$$P(X=k)=\frac{\pi^2}{6}k^{-2}, \quad k\in\mathbb{N}$$

で与えられているとすると，

$$\begin{aligned}E[X]&=\sum_{k=1}^{\infty}k\cdot\frac{\pi^2}{6}k^{-2}\\&=\infty\end{aligned}$$

となり，発散していることがわかる．

本書で取り扱う確率分布等は素性のよいものに限定し，和が意味を持たない場合は基本的に扱わない．また，和の入れ替えなどの各種操作に支障がないという仮定の下で期待値の性質を導くことにする．なお，一般の確率変数に対して同様の性質を導く場合，それら操作を正当化するための条件が必要となることは注意しておく．

例題 2.2 例 1.1，例 1.6 の設定の下，$E[X]$, $E[X^2]$ の期待値を求めよ．

【解答】 確率変数 X の確率分布は

$$f(k)=\frac{1}{6}, \quad k=1,2,\ldots,6$$

であったから，X の期待値は

$$\begin{aligned}E[X]&=1\cdot\frac{1}{6}+\cdots+6\cdot\frac{1}{6}\\&=\frac{7}{2}\end{aligned}$$

である．また，X^2 の確率分布は

$$f(k)=\frac{1}{6}, \quad k=1^2,2^2,\ldots,6^2$$

であるから，

$$\begin{aligned}E[X^2]&=1^2\cdot\frac{1}{6}+\cdots+6^2\cdot\frac{1}{6}\\&=\frac{91}{6}\end{aligned}$$

である． □

問題 2.3　離散型確率変数 X の確率分布が

$$P(X=k)=\begin{cases}\frac{1}{2}, & k=1\\ \frac{1}{10}, & k=2,\dots,6\end{cases}$$

で与えられているとき，次の問いに答えよ．

(1)　$E[X]$ を求めよ．

(2)　X^3 の確率分布を求め，それを用いて $E[X^3]$ を求めよ．

例 2.2　2.1 節に導入した離散型確率分布のそれぞれについて，その期待値を計算してみよう．

(1)　パラメータ p のベルヌーイ試行 X に対し

$$E[X]=1\cdot p+0\cdot q=p$$

となる．

(2)　X はパラメータ n, p の二項分布に従うとき

$$E[S_n]=np$$

となる．実際

$$\begin{aligned}E[S_n]&=\sum_{k=0}^{n}k\,\frac{n!}{k!\,(n-k)!}\,p^kq^{n-k}\\&=\sum_{k=1}^{n}k\,\frac{n!}{k!\,(n-k)!}\,p^kq^{n-k}\qquad \text{（}k=0\text{ のとき，和の中身は }0\text{）}\\&=\sum_{k=1}^{n}\frac{n!}{(k-1)!\,(n-k)!}\,p^kq^{n-k}\qquad \text{（}k\geq 1\text{ だから約分できる）}\\&=n\sum_{l=0}^{n-1}\frac{(n-1)\,!}{l!\,(n-1-l)\,!}\,p^{l+1}q^{n-1-l}\qquad \text{（}l=k-1\text{ と置き換え）}\\&=np\sum_{l=0}^{n-1}\frac{(n-1)\,!}{l!\,(n-1-l)!}\,p^lq^{n-1-l}\\&=np(p+q)^{n-1}\\&=np\end{aligned}$$

を得る．なお，最後の等号において二項定理（定理 2.1 (3)）を用いた．

(3)　確率変数 X の確率分布が，パラメータ λ のポアソン分布に従うとする．このとき

$$E[X] = \lambda$$

である．実際

$$\begin{aligned}
E[X] &= \sum_{k=0}^{\infty} k e^{-\lambda} \frac{\lambda^k}{k!} \\
&= \sum_{k=1}^{\infty} k e^{-\lambda} \frac{\lambda^k}{k!} \qquad \text{（}k = 0\text{ のとき，和の中身は }0\text{）} \\
&= \lambda e^{-\lambda} \sum_{k=1}^{\infty} \frac{\lambda^{k-1}}{(k-1)!} \\
&= \lambda e^{-\lambda} \sum_{l=0}^{\infty} \frac{\lambda^l}{l!} \qquad \text{（}l = k-1\text{ と置き換え）} \\
&= \lambda e^{-\lambda} e^{\lambda} \\
&= \lambda
\end{aligned}$$

となることが計算によりわかる．

(4)　確率変数 X の確率分布が，パラメータ p の幾何分布に従うとする．このとき

$$E[X] = \frac{1}{p}$$

である．実際，$-1 < r < 1$ なる r に対して

$$\sum_{k=1}^{\infty} k r^{k-1} = \frac{1}{(1-r)^2}$$

が成り立つことに注意すれば，

$$\begin{aligned}
E[X] &= \sum_{k=1}^{\infty} k p q^{k-1} \\
&= \frac{p}{(1-q)^2} \\
&= \frac{1}{p}
\end{aligned}$$

であることがわかる．　□

2.2.2 期待値の満たす性質

期待値の持つ性質のうち，重要なものをいくつか紹介していこう．その証明においては，取りうる値による場合分けを行い，加法性をうまく使うことが鍵となる．

まずは，2つの確率変数の期待値に関する「変数変換」と呼べる次の事柄から始めよう．なお単体の確率変数，もしくは，3つ以上の確率変数に対しても同様のことが成り立つ．

定理 2.6　変数変換

確率変数 X, Y の取りうる値がそれぞれ

$$x_1, x_2, \ldots$$

$$y_1, y_2, \ldots$$

であるとする．2変数関数 $f\colon \mathbb{R}^2 \to \mathbb{R}$ に対し，もし $E[f(X,Y)]$ が意味を持つならば

$$E\big[f(X,Y)\big] = \sum_k \sum_l f(x_k, y_l) P(X = x_k, Y = y_l)$$

が成立する．

【証明】 確率変数 $f(X,Y)$ は再び離散型であることに注意する．その取りうる値は

$$z_1, z_2, \ldots$$

であるとしておく（全て相異なる）．このとき，X, Y の取りうる値によって場合分けすると

$$\begin{aligned} E\big[f(X,Y)\big] &= \sum_m z_m P\big(f(X,Y) = z_m\big) \\ &= \sum_m \sum_k \sum_l z_m P\big(f(X,Y) = z_m, X = x_k, Y = y_l\big) \end{aligned}$$

を得る．ここで

$$\begin{aligned} &P\big(f(X,Y) = z_m, X = x_k, Y = y_l\big) \\ &\qquad = \begin{cases} P(X = x_k, Y = y_l), & f(x_k, y_l) = z_m \text{ のとき} \\ 0, & f(x_k, y_l) \neq z_m \text{ のとき} \end{cases} \end{aligned}$$

であることに注意すると，

$$E\big[f(X,Y)\big] = \sum_m \sum_k \sum_l z_m u(k,l,m) P(X = x_k, Y = y_l)$$

と書き換えられる．ただし，$u(k,l,m)$ は

$$u(k,l,m) = \begin{cases} 1, & k,\ l,\ m \text{ が } f(x_k, y_l) = z_m \text{ のとき} \\ 0, & k,\ l,\ m \text{ が } f(x_k, y_l) \neq z_m \text{ のとき} \end{cases}$$

である．ここで，和の中の $z_m u(k,l,m)$ であるが，$f(x_k, y_l) = z_m$ のときは

$$z_m u(k,l,m) = f(x_k, y_l) u(k,l,m) \tag{2.3}$$

が成立する．また，$f(x_k, y_l) \neq z_m$ のときは両辺 0 となって (2.3) が成立する．いずれにしても (2.3) が成り立ち，ゆえに，和の順序を入れ替えながら変形を進めていくと

$$\begin{aligned} E\big[f(X,Y)\big] &= \sum_m \sum_k \sum_l f(x_k, y_l) u(k,l,m) P(X = x_k, Y = y_l) \\ &= \sum_k \sum_l f(x_k, y_l) P(X = x_k, Y = y_l) \sum_m u(k,l,m) \end{aligned}$$

を得る．今，$P(X = x_k, Y = y_l) > 0$ となる k, l を 1 つ与えると，x_k, y_l に対応する z_m の値はただ 1 つに限られることに注意すれば，

$$\sum_m u(k,l,m) = 1$$

であり，ゆえに

$$E\big[f(X,Y)\big] = \sum_k \sum_l f(x_k, y_l) P(X = x_k, Y = y_l)$$

である．□

変数変換が可能であることが示せたので，これを使って期待値の持つ性質を導いてみよう．

定理 2.7　期待値の線形性

a, b を実数，X, Y を確率変数とするとき

$$E[aX+bY]=aE[X]+bE[Y]$$

が成り立つ．

【証明】　$f(x,y)=ax+by$ として定理 2.6 を適用すると，

$$E[aX+bY]=\sum_k\sum_l(ax_k+by_l)P(X=x_k,Y=y_l)$$

が得られる．ここで

$$P(X=x_k)=\sum_l P(X=x_k,Y=y_l)$$

および

$$P(Y=y_l)=\sum_k P(X=x_k,Y=y_l)$$

であることに注意すると，

$$\begin{aligned}E[aX+bY]&=\sum_k\sum_l ax_kP(X=x_k,Y=y_l)\\&\quad+\sum_k\sum_l by_lP(X=x_k,Y=y_l)\\&=a\sum_k x_kP(X=x_k)+b\sum_l y_lP(Y=y_l)\\&=aE[X]+bE[Y]\end{aligned}$$

となることがわかる．□

例 2.3　独立なパラメータ p のベルヌーイ試行 $X_1,\ldots,X_n$ について，その和

$$S_n=\sum_{k=1}^n X_k$$

は二項分布に従うのであった（定理 2.2）．ここでその期待値を求めると，上の表記から

$$E[S_n]=\sum_{k=1}^n E[X_k]=np$$

を得る．例 2.2 で二項分布に従う確率変数の期待値の計算をしたが，その別証明が与えられたことになる．■

定理 2.8　確率変数 X, Y は

$$X(\omega) \geq Y(\omega)$$

を満たしていると仮定する．このとき

$$E[X] \geq E[Y]$$

が成り立つ．

【証明】　$Z = X - Y$ とすると，Z は非負の値しかとらない確率変数である．従って期待値の定義から $E[Z] \geq 0$ を得る．ここで定理 2.7 によれば

$$\begin{aligned} E[X] &= E[Z + Y] \\ &= E[Z] + E[Y] \geq E[Y] \end{aligned}$$

を得る．□

定理 2.9　独立な確率変数の積

確率変数 X, Y が独立であるならば

$$E[XY] = E[X]E[Y]$$

が成り立つ．

【証明】　定理 2.7 と同様，定理 2.6 を用いて証明する．$f(x, y) = xy$ として，定理 2.6 を適用すると

$$E[XY] = \sum_k \sum_l x_k y_l P(X = x_k, Y = y_l)$$

が得られる．独立性から，任意の k, l に対し

$$P(X = x_k, Y = y_l) = P(X = x_k)P(Y = y_l)$$

が成り立つことに注意すると，

$$\begin{aligned} E[XY] &= \sum_k \sum_l x_k y_l P(X = x_k)P(Y = y_l) \\ &= \sum_k x_k P(X = x_k) \sum_l y_l P(Y = y_l) \\ &= E[X]E[Y] \end{aligned}$$

となることがわかる．□

注意 2.7　独立ではない X, Y については，上の事柄は成り立たない．実際，X として

$$P(X=1)=p, \quad P(X=0)=q, \quad (p,q \geq 0,\ p+q=1)$$

を満たすようなものをとり，また $Y=X$ とすると

$$E[XY]=E[X]=p$$

であるから，

$$E[X^2]=E[X]^2$$

が成り立つことと，$p=0,1$ は同値であることがわかる．

例題 2.3　確率変数 X, Y は

$$E[X]=1, \quad E[Y]=2, \quad E[X^2]=2, \quad E[Y^2]=5, \quad E[XY]=3$$

を満たしているとする．このとき次の値を求めよ．

(1)　$E[X+2Y]$

(2)　$E[(X+2Y)^2]$

【解答】　期待値の線形性（定理 2.7）から

$$\begin{aligned} E[X+2Y] &= E[X]+2E[Y] \\ &= 5 \end{aligned}$$

である．また

$$\begin{aligned} E\big[(X+2Y)^2\big] &= E[X^2+4XY+4Y^2] \\ &= E[X^2]+4E[XY]+4E[Y^2] \\ &= 34 \end{aligned}$$

である．なお，$E[XY]$ を $E[X]E[Y]$ では置き換えられないので注意．　□

問題 2.4　確率変数 X, Y は

$$E[X]=2, \quad E[Y]=-1, \quad E[X^2]=5, \quad E[Y^2]=3, \quad E[XY]=-1$$

を満たしているとする．このとき次の値を求めよ．

(1)　$E[X-Y]$

(2)　$E[(X-Y)^2]$

2.3　モーメントと分散

確率変数が与えられたとき，その振る舞い方の特徴をつかむ量として，次の量を考えることが多い．

定義 2.8　確率変数 X に対して，その n 乗の期待値 $E[X^n]$ を **n 次モーメント**という．また，期待値を引いたもののモーメント $E[(X-E[X])^n]$ を **n 次中心化モーメント**という．特に，2 次中心化モーメントのことを**分散**といい，$V[X]$ で表す．

2 次モーメントに関する重要な不等式の一つが，次で挙げる**シュワルツの不等式**である．

定理 2.10　シュワルツの不等式

確率変数 X, Y は $E[X^2]<\infty$, $E[Y^2]<\infty$ を満たすとする．このとき次が成り立つ：

$$E\bigl[|XY|\bigr] \le E[X^2]^{1/2}E[Y^2]^{1/2} \tag{2.4}$$

【証明】　相加相乗平均の関係を用いると，任意の定数 $a\in\mathbb{R}$ に対して，

$$a|XY| \le \frac{a^2X^2+Y^2}{2} = \frac{a^2}{2}X^2+\frac{1}{2}Y^2$$

が常に成り立つ．よって，定理 2.8 から

$$aE\bigl[|XY|\bigr] \le \frac{a^2}{2}E[X^2]+\frac{1}{2}E[Y^2] \tag{2.5}$$

が得られる．特に，$a=1$ とすれば $E[|XY|]<\infty$ であることがわかる．(2.5) を整理すると

$$\frac{a^2}{2}E[X^2]-aE\bigl[|XY|\bigr]+\frac{1}{2}E[Y^2]\ge 0$$

であり，a の二次不等式が a によらず成り立つことがわかった．従って，この二次不等式の判別式 D は

$$D=E\bigl[|XY|\bigr]^2-E[X^2]E[Y^2]\le 0$$

でなくてはならず，これを整理すれば (2.4) を得る．　□

注意 2.8 一般に，次のことが成り立つ：実数 p, q は $p, q > 1$ および $\frac{1}{p} + \frac{1}{q} = 1$ を満たすとするとき，確率変数 X, Y に対して

$$E\big[|XY|\big] \leq E\big[|X|^p\big]^{1/p} E\big[|Y|^q\big]^{1/q}$$

が成り立つ．この不等式は**ヘルダーの不等式**と呼ばれており，シュワルツの不等式（定理 2.10）は $p = q = 2$ の特別な場合である．

問題 2.5 確率変数 X は $E[X^2] < \infty$ を満たすとする．このとき次が成り立つことを示せ．

(1)　$E[|X|] < \infty$

(2)　$V[X] < \infty$

Hint: $Y = 1$ とおいて定理 2.10 を使う．

確率変数が与えられたとき，期待値から離れたところへどの程度分布しているか，「分布の裾」と呼ばれる部分についての情報が必要になることがままある．それがどの程度であるかは分散もしくは中心化モーメントを使うとある程度の見積もりが立てられる，と主張するのが次の**チェビシェフの不等式**である．

定理 2.11　チェビシェフの不等式

確率変数 X，非負の関数 $f\colon \mathbb{R} \to [0, \infty)$ および $A \subset \mathbb{R}$ に対して，

$$\inf_{x \in A} f(x) P(X \in A) \leq E\big[f(X)\big] \tag{2.6}$$

が成り立つ．特に，$u > 0$ に対し

$$f(x) = (x - E[X])^2, \quad A = (-\infty, E[X] - u] \cup [E[X] + u, \infty)$$

とすれば，

$$P\big(|X - E[X]| \geq u\big) \leq u^{-2} V[X] \tag{2.7}$$

が成り立つ．

注意 2.9 (1)　X の分布が何かわかっていれば，$u > 0$ に対し

$$P\big(|X - E[X]| \geq u\big)$$

の値は定義され，原理的には計算することができる．この値を求めることができてしまえば，チェビシェフの不等式は単なる見積もりを与えるだけの主張であるから，使う必要は全くない．ただ，値を求めることが原理的に可能であっても，それが簡単かどう

かは別の問題である．例えば，$X \sim Bin(n,p)$ であるとき（ただし $n \in \mathbb{N}$, $0 < p < 1$ とする），

$$P\big(|X - E[X]| \geq u\big) = \sum_{0 \leq k \leq n; |k - np| \geq u} {}_n\mathrm{C}_k\, p^k (1-p)^{n-k} \tag{2.8}$$

であるから，値の計算は原理的には可能である．ただし，n が大きいときにこの値を実際に計算するのは手では困難といわざるをえない．実際に，$p = \frac{1}{3}$, $n = 30$, $k = 10$ のとき，和をとる値がどうなるか計算してみよう．まず，二項係数 ${}_{30}\mathrm{C}_{10}$ およびべき乗 $p^{10}(1-p)^{20}$ を計算すると

$$\begin{aligned} {}_{30}\mathrm{C}_{10} &= \frac{30!}{10!\,20!} = 30045015, \\ p^{10}(1-p)^{20} &= \frac{2^{20}}{3^{30}} = \frac{1048576}{205891132094649} \end{aligned}$$

となる．これを手計算で求めろと言われたら気が遠くなってきそうであるし，電卓を使ったとしても通常の電卓は 9 桁なので厳密な計算は面倒である．ここまででも厄介なのに，求める値はこれらのかけ算であり，実際に計算すると

$${}_{30}\mathrm{C}_{10}\, p^{10}(1-p)^{20} = \frac{3500497960960}{22876792454961}$$

となる．(2.8) の値を計算しようとすると，いくつも k を変えながら和をとらねばならず，従って上の計算を何度も繰り返し行う必要がある．以上でみたように，確率の具体的な値を求めることが原理的には可能であっても（少なくとも手計算では）非常に困難であるのは理解できよう．確率の正確な値を求める必要がなく，その見積もりだけあれば十分な場合には，比較的計算しやすい分散の値から確率の見積もりを立てられる，というのがチェビシェフの不等式の意義である．

(2)　チェビシェフの不等式を (2.7) の形で用いると，期待値から離れた値が出る確率 $P(|X - E[X]| \geq u)$ が 2 次で減衰することがわかった．ただし，これは必ずしも最良ではなく，分散が有限であることからは 2 次の減衰が最低限保証されている，というだけである．例えば高次のモーメントを持つようであれば，より強い結論が得られる．すなわち

$$P\big(|X - E[X]| \geq u\big) \leq u^{-n} E\big[(X - E[X])^n\big]$$

が成り立ち，よってより高い次数での減衰がわかるのである．

例題 2.4 ある確率変数 X は

$$E[X] = 10, \quad V[X] = 2$$

を満たしているとする．このとき

$$P(X \geq 20) \leq \frac{1}{50}$$

を示せ．

【解答】 チェビシェフの不等式から，

$$P\big(|X - 10| \geq 10\big) \leq 10^{-2} V[X] = \frac{1}{50}$$

である．ここで

$$P(|X - 10| \geq 10) = P(X \geq 20) + P(X \leq 0)$$

だから求める不等式が得られた． □

問題 2.6 ある確率変数 X は

$$E[X] = 0, \quad V[X] = 5$$

を満たしているとする．このとき

$$P(X \geq 10) \leq \frac{1}{20}$$

を示せ．

ここで，分散についていくつか性質を挙げておこう．まず定義から，分散は1次，2次のモーメントを使って表すことができる．

定理 2.12 分散は次の等式を満たす：

$$V[X] = E[X^2] - E[X]^2$$

【証明】 分散の定義により

$$\begin{aligned} V[X] &= E[X^2] - 2XE[X] + E[X]^2 \\ &= E[X^2] - 2E[X]^2 + E[X]^2 \\ &= E[X^2] - E[X]^2 \end{aligned}$$

である． □

これを使って計算してみよう．

例 2.4　$n \in \mathbb{N}, 0 < p < 1$ とする．$X \sim Bin(n,p)$ のとき，$V[X]$ を求めてみよう．

2.2.1 項の例 2.2 で計算したように，

$$E[X] = np$$

である．同様に計算を進めていくと，

$$\begin{aligned}
E[X^2] &= \sum_{l=0}^{n-1}(l+1)\,\frac{n!}{l!\,(n-1-l)!}\,p^{l+1}(1-p)^{n-1-l} \\
&= \sum_{l=0}^{n-1} l\,\frac{n!}{l!\,(n-1-l)!}\,p^{l+1}(1-p)^{n-1-l} \\
&\quad + \sum_{l=0}^{n-1}\frac{n!}{l!\,(n-1-l)!}\,p^{l+1}(1-p)^{n-1-l}
\end{aligned}$$

となる．ここで，右辺第 2 項は $E[X]$ の計算と全く同じだから

$$\sum_{l=0}^{n-1}\frac{n!}{l!\,(n-1-l)!}\,p^{l+1}(1-p)^{n-1-l} = np$$

である．以下，右辺第 1 項を計算しよう．$n=1$ のときは 0 となるから，$n \geq 2$ の場合を考えればよい．上と同様の計算を行えば

$$\begin{aligned}
&\sum_{l=0}^{n-1} l\,\frac{n!}{l!\,(n-1-l)!}\,p^{l+1}(1-p)^{n-1-l} \\
&= \sum_{l=1}^{n-1}\frac{n!}{(l-1)!\,(n-1-l)!}\,p^{l+1}(1-p)^{n-1-l} \\
&= \sum_{t=0}^{n-2}\frac{n!}{t!\,(n-2-t)!}\,p^{t+2}(1-p)^{n-2-t} \qquad (t = l-1 \text{ とした}) \\
&= p^2 n(n-1)\sum_{t=0}^{n-2} {}_{n-2}\mathrm{C}_t\,p^t(1-p)^{n-2-t} \\
&= p^2 n(n-1)(p+1-p)^{n-2} \\
&= p^2 n(n-1)
\end{aligned}$$

となり，

$$E[X^2] = p^2 n(n-1) + np$$

が得られた．ここで定理 2.12 を使えば

$$\begin{aligned} V[X_1] &= E[X_1^2] - E[X_1]^2 \\ &= p^2 n(n-1) + np - n^2 p^2 \\ &= np(1-p) \end{aligned}$$

を得る． □

問題 2.7　$\lambda > 0$ とする．$X \sim Po(\lambda)$ のとき，$V[X]$ を求めよ．
Hint: 2.2.1 項の例 2.2 (3) と同様の計算をすればよい．

問題 2.8　$0 < p < 1$ とする．$X \sim Ge(p)$ のとき，$V[X]$ を求めよ．
Hint: 概ね例 2.2 と同様の計算をすればよいが，ここでは

$$\sum_{k=1}^{\infty} k(k+1)x^{k-1} = \frac{2}{(1-x)^3}, \quad |x| < 1$$

も使おう．

問題 2.9　定数 $a \in \mathbb{R}$ と確率変数 X に対して

$$V[aX] = a^2 V[X] \tag{2.9}$$

が成り立つことを示せ．

複数の確率変数があったとき，その和の分散はそれらを用いて表せるだろうか．分散は確率変数の 2 乗の量についての期待値なので，一般には

$$V[X+Y] \neq V[X] + V[Y]$$

であり，それぞれの分散だけから和の分散を求めることができない．

定理 2.13　確率変数 X, Y は $E[X^2] < \infty$, $E[Y^2] < \infty$ を満たすとする．このとき，

$$V[X+Y] = V[X] + V[Y] + 2E\big[(X - E[X])(Y - E[Y])\big]$$

が成り立つ．従って，一般に和の分散は分散の和と一致しない．

【証明】　$E[X^2] < \infty$, $E[Y^2] < \infty$ から $V[X] < \infty$, $V[Y] < \infty$ である．また定理 2.10 から，

$$E\big[|(X - E[X])(Y - E[Y])|\big] \leq V[X]^{1/2} V[Y]^{1/2} < \infty$$

もわかる．よって，期待値の線形性より

$$\begin{aligned} V[X+Y] &= E\big[(X + Y - E[X+Y])^2\big] \\ &= E\big[(X - E[X] + Y - E[Y])^2\big] \\ &= E\big[(X - E[X])^2 + 2(X - E[X])(Y - E[Y]) + (Y - E[Y])^2\big] \\ &= V[X] + 2E\big[(X - E[X])(Y - E[Y])\big] + V[Y] \end{aligned}$$

が得られる．□

定理 2.13 の証明において出てきた項のことを共分散と呼ぶ．

定義 2.9　確率変数 X, Y に対して，

$$C(X, Y) = E\big[(X - E[X])(Y - E[Y])\big]$$

を X, Y の**共分散**という．共分散が 0 になる場合，それらは**無相関**であるという．

注意 2.10　X, Y が独立ならば，定理 2.9 により

$$C(X, Y) = E\big[X - E[X]\big]E\big[Y - E[Y]\big] = 0$$

となるから，無相関であることがわかる．ただし，逆は必ずしも正しくないことには注意が必要である．例えば，確率変数 X, Y が

$$P(X = i, Y = j) = \begin{cases} \frac{1}{4}, & (i, j) = (1, 0), (-1, 0), (0, 1), (0, -1) \\ 0, & \text{その他} \end{cases}$$

を満たしているとしよう．

$$P(X = 1) = P(Y = 1) = \frac{1}{4}$$

であり

$$P(X=1, Y=1) = 0 \neq P(X=1)P(Y=1)$$

であるから，独立ではない．一方，

$$E[X] = E[Y] = 0$$

であり

$$C(X, Y) = E[XY] = 0$$

であるから，無相関であることがわかる．つまり，無相関であるからといって，独立とは限らないのである．

問題 2.10 確率変数 X, Y は $E[X^2] < \infty$, $E[Y^2] < \infty$ を満たすとする．このとき，定理 2.12 の証明にならって

$$C(X, Y) = E[XY] - E[X]E[Y]$$

であることを示せ．

定理 2.13 では 2 つの確率変数の和の分散を考えたが，複数の確率変数の和の分散についても同様の事柄が成り立つ．

定理 2.14 確率変数 $X_1, X_2, \ldots, X_n$ について，その分散は有限であるとする．このとき

$$V\left[\sum_{k=1}^{n} X_k\right] = \sum_{k=1}^{n} V[X_k] + \sum_{1 \leq j, k \leq n, j \neq k} C(X_j, X_k) \tag{2.10}$$

が成り立つ．

【証明】 分散の定義に従って左辺を計算すると，

$$\begin{aligned} V\left[\sum_{k=1}^{n} X_k\right] &= E\left[\left(\sum_{k=1}^{n}(X_k - E[X_k])\right)^2\right] \\ &= \sum_{j,k=1} E\big[(X_j - E[X_j])(X_k - E[X_k])\big] \end{aligned}$$

となる．ここで

$$E\big[(X_k - E[X_k])(X_k - E[X_k])\big] = V[X_k]$$

だから，この部分だけ和から分離すると結論が得られる． □

注意 2.11 繰り返しになるが，一般に和の分散は分散の和と一致しない．独立性等の仮定がなければ，共分散がそのまま居残るからである．

第2章　演習問題

演習 2.1　確率変数 X は

$$P(X=1)=\cdots=P(X=12)=\frac{1}{12}$$

を満たすとする．このとき $E[X]$ および $V[X]$ の値を求めよ．

演習 2.2　$X \sim Bin(40, \frac{1}{2})$ であるとする．このとき，

$$P(X \geq 30) \leq \frac{1}{20}$$

であることを示せ．

演習 2.3　2.1.2 項の問題 2.1 の T について，期待値および分散を求めよ．

演習 2.4　確率変数 X, Y, Z は $E[X^2], E[Y^2], E[Z^2] < \infty$ を満たしているとする．このとき、以下が成り立つことを示せ．

(1)　$C(X,Y)=C(Y,X)$

(2)　$a \in \mathbb{R}$ に対して，$C(aX,Y)=aC(X,Y)$

(3)　$C(X,Y+Z)=C(X,Y)+C(X,Z)$

演習 2.5　確率変数 X, Y は

$$E[X]=2, \quad E[Y]=-1,$$
$$E[X^2]=5, \quad E[Y^2]=3, \quad E[XY]=-1$$

を満たしているとする．このとき以下の問いに答えよ．

(1)　$E[2X-Y], V[2X-Y]$ のそれぞれの値を求めよ．

(2)　$C(X+2Y, X-Y)$ の値を求めよ．

演習 2.6　次を満たす（いびつな）さいころを作成したとする：1 の出る確率が $\frac{1}{3}$ であり，他の目が出る確率は全て $\frac{2}{15}$ である．このさいころを投げる試行を行い X をその目とするとき，X の期待値および分散を求めよ．

第3章 連続型確率変数

前章では離散型確率変数の場合について，その性質を学んだ．本章では「連続型」と呼ばれる場合について，その扱い方を学ぶ．

3.1 連続型確率変数と確率密度関数

「連続型」であるとは，次の条件を満たすものを呼ぶ：

定義 3.1 確率変数 X について，「X がある範囲にある」という事象の確率がある関数 f を使って

$$P(a \leq X \leq b) = \int_a^b f(x)\,dx, \quad a < b$$

と表すことができるとき，X は**連続型**であるという．また，被積分関数 f のことを X の**確率密度関数**もしくは単に**密度関数**と呼ぶ．

離散型確率変数に対しては「確率分布」を導入した．連続型確率変数における「密度関数」は離散型「確率分布」に対応する概念である．つまり，確率変数 X の密度関数 f がわかると，$A \subset \mathbb{R}$ に対し

$$\begin{aligned} P(X \in A) &= \int_{-\infty}^{\infty} 1_A(x) f(x)\,dx \\ &=: \int_A f(x)\,dx \end{aligned}$$

により，「X がある範囲 A にある確率」が求められる．ただし，$1_A(x)$ は前章同様 A の指示関数，つまり

$$1_A(x) = \begin{cases} 1, & x \in A \\ 0, & x \in A^c \end{cases} \tag{3.1}$$

により定まる関数である．

注意 3.1　f がある連続型確率変数に対する密度関数であるとすると，離散型確率変数に対する確率分布同様，以下の条件が成り立つことがわかる：

(1)　確率は常に正であるから，$f(x) \geq 0$

(2)　$P(X \in \mathbb{R}) = 1$ だから，$\displaystyle\int_{-\infty}^{\infty} f(x)\,dx = 1$

逆に，上の 2 条件を満たす関数 f が与えられたとき，適当に Ω, P, X をとることにより，与えられた関数 f を密度関数として持つような確率変数 X が構成できることが知られている．

例題 3.1　ある確率変数 X の密度関数が

$$f(x) = \begin{cases} C(1-|x|), & -1 \leq x \leq 1 \\ 0, & x < -1, x > 1 \end{cases}$$

であるという（C は定数）．このとき，定数 C の値を求めよ．

【解答】　f が注意 3.1 の条件 (1) から $C \geq 0$ である．また

$$\int_{-\infty}^{\infty} f(x)\,dx = C$$

であることと条件 (2) より $C = 1$ である．□

問題 3.1　ある確率変数 X の密度関数が

$$f(x) = \begin{cases} Cx^{-4}, & x \geq 1 \\ 0, & x < 1 \end{cases}$$

であるという（C は定数）．このとき，定数 C の値を求めよ．

3.2　同時確率密度関数

X の密度関数に着目するということは，他の確率変数については無視するということになる．2 つ以上の確率変数を同時に考え，それらのとる確率を記述するにはどうすればよいだろうか．離散型の場合と同様に，確率変数 X, Y が与えられたとき，X, Y に対する条件は，対にした (X, Y) に対する条件と考えることができる．よってこれに対応する密度関数を考えればよい．

定義 3.2　確率変数 $X_1, \ldots, X_n$ についての確率がある関数 f を使って

$$P(a_1 \leq X_1 \leq b_1, \ldots, a_n \leq X_n \leq b_n)$$
$$= \int_{a_n}^{b_n} \cdots \int_{a_1}^{b_1} f(x_1, \ldots, x_n)\, dx_1 \cdots dx_n, \quad \forall a_i < \forall b_i,\ 1 \leq \forall i \leq n$$

と表すことができるとき，関数 f のことを $X_1, \ldots, X_n$ の**同時確率密度関数**もしくは単に**同時密度関数**と呼ぶ．

注意 3.2　$X_1, \ldots, X_n$ の同時密度関数が存在すれば

$$f_1(x) = \int_{-\infty}^{\infty} \cdots \int_{-\infty}^{\infty} f(x, x_2, \ldots, x_n)\, dx_2 \cdots dx_n$$

が X_1 の密度関数になることが定義 3.1 からわかり，その他についても同様であるから，全て連続型であることが従う．

しかし，この逆は成り立たないことには注意が必要である．確率変数 X, Y のどちらも連続型であったとしても，X, Y の同時密度関数が存在するとは限らないのである．例えば確率変数 X は連続型であり，その密度関数を f としよう．$Y = X$ により Y を定義すれば，Y の密度関数も f となる．つまり Y もまた連続型である．ここで Y の定義から $P(X - Y = 0) = 1$ が成り立つことになる．今，X, Y の同時密度関数 $f(x, y)$ が存在したと仮定すると

$$P(X - Y = 0) = \int_{\{(x,y);x-y=0\}} f(x, y)\, dx\, dy$$
$$= 0 \quad \text{（直線の面積は 0 であり，その上の積分は常に 0）}$$

となり，$P(X - Y = 0) = 1$ に矛盾する．よって同時密度関数は存在しない．

なお，$X_1, \ldots, X_n$ が連続型であって，かつ独立であると仮定すると，その同時密度関数は存在し，その形も特定することができる．

定理 3.1　$X_1, \ldots, X_n$ が連続型であって，それぞれの密度関数が $f_1, \ldots, f_n$ であると仮定する．もしこれらが独立であるならば，同時密度関数は

$$f(x_1, \ldots, x_n) = f_1(x_1) \cdots f_n(x_n) \tag{3.2}$$

で与えられる．また逆に，同時密度関数が (3.2) のように積の形で与えられるならば，$X_1, \ldots, X_n$ は独立である．

例題 3.2　確率変数 X_1, X_2 は独立であって，それらの密度関数は共に次の f であると仮定する：

$$f(x) = 1_{[0,1]}(x), \quad x \in \mathbb{R}$$

ただし，$1_{[0,1]}$ は $[0,1]$ の指示関数である（(3.1) 参照）．
このとき，次の問いに答えよ．

(1)　X_1, X_2 の同時密度関数を $g(x,y)$ とするとき，g を求めよ．

(2)　確率

$$P(X_1 + X_2^2 < 1)$$

の値を求めよ．

【解答】　(1)　X_1, X_2 の独立性から

$$g(x,y) = 1_{[0,1]}(x)1_{[0,1]}(y), \quad x, y \in \mathbb{R}$$

である．

(2)　上の同時密度関数 g を用いると

$$P(X_1 + X_2^2 < 1) = \iint_{\{(x,y)\in\mathbb{R}^2;\, x+y^2<1\}} g(x,y)\,dx\,dy$$

と表される．従って，この重積分を計算することにより

$$\begin{aligned} P(X_1 + X_2^2 < 1) &= \int_0^1 \int_0^{1-y^2} dx\,dy \\ &= \int_0^1 (1-y^2)\,dy \\ &= \left[y - \frac{1}{3}y^3 \right]_0^1 \\ &= \frac{2}{3} \end{aligned}$$

が得られる．　□

問題 3.2　確率変数 X, Y は独立で，X, Y の確率密度関数 f, g は

$$f(x) = \begin{cases} e^{-x}, & x \geq 0 \\ 0, & x < 0 \end{cases}, \quad g(x) = \begin{cases} 1, & 0 \leq x \leq 1 \\ 0, & x < 0,\ x > 1 \end{cases}$$

であるとする．このとき，$X + Y \leq 2$ である確率を求めよ．

3.3 連続型確率変数の期待値

3.3.1 期待値の定義とその性質

前章において，離散型確率変数に対する期待値を導入した．この節では，連続型確率変数に対する期待値を導入しよう．

定義 3.3 確率変数 X が連続型であり，その密度関数が $f(x)$ であるとする．確率変数 X の期待値を

$$E[X] = \int_{-\infty}^{\infty} xf(x)\,dx$$

で定義する．

注意 3.3 期待値を積分で定義しているので，2.2.1 項の注意 2.6 (3) と同じ事情で期待値が無限大になる，また積分に意味がつかない場合も考えられる．離散型の場合と同様，本書で取り扱う密度関数等は素性のよいものであると仮定して議論を進めていくことにする．

また，離散型確率変数に対する変数変換（定理 2.6）に相当することが連続型に対しても成り立つ．ただ，証明に当たっては期待値の一般的な定義に一歩踏み込んだ議論は避けられず，本書の程度を超えてしまう．ここでは事実として認めることにする：

定理 3.2 確率変数 X が連続型であり，その密度関数が $f(x)$ であるとする．実数値関数 $F\colon \mathbb{R} \to \mathbb{R}$ に対し，確率変数 $F(X)$ の期待値は

$$E\bigl[F(X)\bigr] = \int_{-\infty}^{\infty} F(x)f(x)\,dx \tag{3.3}$$

により与えられる．また，$X_1, \ldots, X_n$ が同時密度関数 $f(x)$ を持つとき，関数 $F\colon \mathbb{R}^n \to \mathbb{R}$ から作られる確率変数 $F(X_1, \ldots, X_n)$ に対し，その期待値は

$$E\bigl[F(X_1, \ldots, X_n)\bigr] = \int_{-\infty}^{\infty} \cdots \int_{-\infty}^{\infty} F(x_1, \ldots, x_n)f(x_1, \ldots, x_n)\,dx_1 \cdots dx_n \tag{3.4}$$

で与えられる．

実は，次のことも成り立つ．

定理 3.3　確率変数 X に対しある関数 f が存在して，任意の有界かつ連続な関数 $F\colon \mathbb{R} \to \mathbb{R}$ に対して関係式 (3.3) が成り立つならば，f は X の密度関数である．また，$X_1, \ldots, X_n$ に対しある関数 f が存在して，任意の有界かつ連続な関数 $F\colon \mathbb{R}^n \to \mathbb{R}$ に対して関係式 (3.4) が成り立つならば，$X_1, \ldots, X_n$ の同時密度関数は f である．

離散型確率変数の場合，変数変換（定理 2.6）から期待値の様々な性質を導出できた．連続型の場合も同様のことが成り立つと認めることにした（定理 3.2）から，同時密度関数が存在する場合は 2.2.2 項の定理 2.7 や定理 2.8 に相当することがそのまま成り立つことがわかる．なお，期待値を「離散型」「連続型」にかかわらず定義することができれば，実は一般的な性質として定理 2.7 や定理 2.8 に相当することが成立する．以下，事実としてまとめておく．

定理 3.4　(1)　X, Y を確率変数とし，$a, b \in \mathbb{R}$ を定数とする．このとき，

$$E[aX + bY] = aE[X] + bE[Y]$$

が成り立つ．

(2)　確率変数 X, Y が

$$X(\omega) \leq Y(\omega), \quad \omega \in \Omega$$

を満たしているのならば，

$$E[X] \leq E[Y]$$

が成り立つ．

(3)　確率変数 $X_1, \ldots, X_n$ が独立であるならば，

$$E[X_1 \cdots X_n] = E[X_1] \cdots E[X_n]$$

が成り立つ．

3.3.2 代表的な連続型確率変数

連続型確率変数のうち，確率論・統計学で扱うことの多い代表的なものをいくつか紹介しておこう．

定義 3.4 一様分布

$a < b$ を満たす実数 $a, b \in \mathbb{R}$ に対し，確率変数 X の密度関数が

$$f(x) = \begin{cases} (b-a)^{-1}, & a < x < b \\ 0, & \text{その他} \end{cases} \tag{3.5}$$

で与えられるとき，X は区間 (a, b) 上の**一様分布**に従うといい，$X \sim U(a, b)$ で表す．

注意 3.4 (1) (3.5) の関数は非負であり，加えて

$$\int_{-\infty}^{\infty} f(x)\,dx = \int_a^b (b-a)^{-1}\,dx$$
$$= 1$$

だから，注意 3.1 の条件 (1), (2) を満たす．よって，一様分布に従う確率変数の存在は保証されている．

(2) いちいち場合分けを使って密度関数を書くのも面倒なので，(3.1) で導入した指示関数を用いて書くことが多い．この指示関数を使えば，$U(a, b)$ の密度関数は

$$f(x) = (b-a)^{-1}\,1_{(a,b)}(x)$$

と表される．

(3) どんな被積分関数であっても，1 点の上での積分の値は 0 なので，任意の s, t に対し

$$\int_s^t (b-a)^{-1}\,1_{(a,b)}(x)\,dx = \int_s^t (b-a)^{-1}\,1_{[a,b]}(x)\,dx$$

が成り立つ．つまり，区間 $[a, b]$ 上の一様分布も同様に定義したとき，区間 (a, b) 上の一様分布と区間 $[a, b]$ 上の一様分布の間に実質的差異はない．

例 3.1　a, b は $a < b$ を満たす定数とする．X が区間 (a, b) 上の一様分布に従うとき，X の期待値および分散を計算してみよう．まず期待値であるが，期待値の定義（定義 2.7）から

$$
\begin{aligned}
E[X] &= \int_{-\infty}^{\infty} x f(x)\,dx \\
&= \int_a^b (b-a)^{-1}\,x\,dx \\
&= (b-a)^{-1}\left[\frac{1}{2}x^2\right]_a^b \\
&= \frac{a+b}{2}
\end{aligned}
$$

であることがわかる．また分散であるが，定義 2.8 と定理 3.2 により

$$
\begin{aligned}
V[X] &= E\left[(X - E[X])^2\right] \\
&= E\left[\left(X - \frac{a+b}{2}\right)^2\right] \\
&= \int_{-\infty}^{\infty} \left(x - \frac{a+b}{2}\right)^2 f(x)\,dx \\
&= \int_a^b (b-a)^{-1}\left(x - \frac{a+b}{2}\right)^2 dx \\
&= (b-a)^{-1}\left[\frac{1}{3}\left(x - \frac{a+b}{2}\right)^3\right]_a^b \\
&= \frac{(b-a)^2}{12}
\end{aligned}
$$

である．□

定義 3.5　正規分布

$m \in \mathbb{R}$, $v > 0$ に対し，確率変数 X の密度関数が

$$f(x) = \frac{1}{\sqrt{2\pi v}} \exp\left(-\frac{1}{2v}(x-m)^2\right), \quad x \in \mathbb{R} \tag{3.6}$$

で与えられるとき，X はパラメータ (m, v) の**正規分布**に従うといい，$X \sim N(m, v)$ で表す．

注意 3.5　(3.6) の関数 f は非負である．また，参考文献 [3] p.171 にあるように

$$\int_{-\infty}^{\infty} e^{-x^2/2}\,dx = \sqrt{2\pi} \tag{3.7}$$

となる（この広義積分のことを**ガウス積分**という）から，(3.6) の関数 f は注意 3.1 の条件を共に満たしていることがわかる．よって，正規分布に従う確率変数の存在は保証されている．

例 3.2　$m \in \mathbb{R}$, $v > 0$ とする．X がパラメータ (m, v) の正規分布に従うとき，X の期待値および分散を計算してみよう．まず期待値であるが，期待値の定義（定義 3.3）から

$$\begin{aligned}
E[X] &= \int_{-\infty}^{\infty} x \frac{1}{\sqrt{2\pi v}} \exp\left(-\frac{1}{2v}(x-m)^2\right) dx \\
&= \int_{-\infty}^{\infty} (x-m+m) \frac{1}{\sqrt{2\pi v}} \exp\left(-\frac{1}{2v}(x-m)^2\right) dx \\
&= \int_{-\infty}^{\infty} (x-m) \frac{1}{\sqrt{2\pi v}} \exp\left(-\frac{1}{2v}(x-m)^2\right) dx \\
&\quad + \int_{-\infty}^{\infty} m \frac{1}{\sqrt{2\pi v}} \exp\left(-\frac{1}{2v}(x-m)^2\right) dx \\
&= m + \int_{-\infty}^{\infty} (x-m) \frac{1}{\sqrt{2\pi v}} \exp\left(-\frac{1}{2v}(x-m)^2\right) dx
\end{aligned}$$

であることがわかる．ここで，(3.7) により

$$\int_{-\infty}^{\infty} \frac{1}{\sqrt{2\pi v}} \exp\left(-\frac{1}{2v}(x-m)^2\right) dx = 1$$

であることを用いた．さらに，奇関数の対称領域における積分が 0 であることを用いると

$$\int_{-\infty}^{\infty}(x-m)\frac{1}{\sqrt{2\pi v}}\exp\left(-\frac{1}{2v}(x-m)^2\right)dx$$
$$=\int_{-\infty}^{\infty}t\,\frac{1}{\sqrt{2\pi v}}\exp\left(-\frac{t^2}{2v}\right)dt=0 \qquad (t=x-m\text{ と変数変換})$$

であるから,

$$E[X]=m$$

であることがわかった．また，分散については定義に従うと

$$\begin{aligned}V[X]&=E\left[(X-E[X])^2\right]\\&=E\left[(X-m)^2\right]\\&=\int_{-\infty}^{\infty}(x-m)^2\,\frac{1}{\sqrt{2\pi v}}\exp\left(-\frac{1}{2v}(x-m)^2\right)dx\\&=\int_{-\infty}^{\infty}t^2\,\frac{1}{\sqrt{2\pi v}}\exp\left(-\frac{1}{2v}\,t^2\right)dt \qquad (t=x-m\text{ と変数変換})\\&=v\int_{-\infty}^{\infty}s^2\,\frac{1}{\sqrt{2\pi}}\exp\left(-\frac{1}{2}\,s^2\right)ds \qquad \left(s=\frac{t}{\sqrt{v}}\text{ と変数変換}\right)\end{aligned}$$

であることがわかる．ここで

$$\frac{d}{ds}\exp\left(-\frac{1}{2}\,s^2\right)=-s\exp\left(-\frac{1}{2}\,s^2\right)$$

に注意して，最後の積分に対し部分積分を施せば,

$$\begin{aligned}V[X]&=-\frac{v}{\sqrt{2\pi}}\int_{-\infty}^{\infty}s\left(\frac{d}{ds}\exp\left(-\frac{1}{2}\,s^2\right)\right)ds\\&=-\frac{v}{\sqrt{2\pi}}\left(\left[s\exp\left(-\frac{1}{2}\,s^2\right)\right]_{-\infty}^{\infty}-\int_{-\infty}^{\infty}\exp\left(-\frac{1}{2}\,s^2\right)ds\right)\\&=\frac{v}{\sqrt{2\pi}}\int_{-\infty}^{\infty}\exp\left(-\frac{1}{2}\,s^2\right)ds=v\end{aligned}$$

を得る． □

ここまで確かめたように，X がパラメータ (m,v) の正規分布に従うとき $E[X]=m$, $V[X]=v$ であるから，パラメータ (m,v) の正規分布のことを「期待値（平均）m, 分散 v の正規分布」と呼ぶこともある（期待値のことを「平均」と呼ぶことがある）.

定義 3.6　指数分布

$\lambda > 0$ とする．確率変数 X の密度関数が

$$f(x) = \begin{cases} \lambda e^{-\lambda x}, & x \geq 0 \\ 0, & x < 0 \end{cases} \tag{3.8}$$

で与えられるとき，X は平均 λ の**指数分布**に従うといい，$X \sim Ex(\lambda)$ で表す．

問題 3.3　$\lambda > 0$ とする．以下の問いに答えよ．

(1)　指数分布の定義（定義 3.6）にある関数 (3.8) は注意 3.1 の条件 (1), (2) を満たすことを確かめよ．

(2)　確率変数 X が $Ex(\lambda)$ に従うとき，

$$E[X] = \lambda^{-1}, \quad V[X] = \lambda^{-2}$$

であることを確認せよ．

問題 3.4　$\lambda > 0$ とする．確率変数 X が $Ex(\lambda)$ に従うとき，

$$P(X > s + t \mid X > s) = P(X > t), \quad s, t > 0$$

である（このことを**無記憶性**と呼ぶ）ことを示せ．

3.4　密度関数の特定

ある確率変数の密度関数が判明すると，その確率変数の振る舞いを積分の形で完全に書き下すことができる．これにより，どんな値が出やすいのかなどの情報を得ることができ，統計学の上でも非常に有用である（どのような局面で役立つか説明するのは現段階では難しいので，「将来非常に役に立つ」ぐらいに思っておけばよい）．ここでは，「分布関数」と呼ばれる関数を経由して密度関数を求める方法を学ぶ．

3.4.1　分布関数とその性質

後半で用いる「分布関数」と呼ばれる関数を導入し，その性質について学ぶ．まずは定義を与えよう．

定義 3.7　確率変数 X に対して（連続型である必要はない），

$$F(x) = P(X \leq x)$$

で定められる関数 $F\colon \mathbb{R} \to [0,1]$ を X の**確率分布関数**または単に**分布関数**と呼ぶ．

注意 3.6　(1)　定義の中でも言及しているが，分布関数は離散型・連続型のどちらに対しても定まる．

(2)　分布関数がわかると，

$$P(a < X \leq b) = P(X \leq b) - P(X \leq a)$$

により，X の確率法則が特定される．

確率変数 X が与えられ，その分布関数を F としよう．このとき分布関数の定義から，F は以下の性質を持つことがわかる．

(1)　確率は 0 から 1 の値であるから

$$0 \leq F(x) \leq 1, \quad x \in \mathbb{R}$$

(2)　確率の単調性から

$$x \leq x' \Rightarrow F(x) \leq F(x')$$

が成り立つ．つまり，F は単調増加関数（単調非減少）である．従って各点において左極限・右極限が存在する．

(3)　実数全体 $\mathbb{R}$ が

$$\mathbb{R} = (-\infty, 1] \cup (1, 2] \cup \cdots \cup (n-1, n] \cup \cdots$$

と表されることと 1.3 節の定義 1.1 の条件 (3) より

$$\lim_{x \to \infty} F(x) = 1$$

が成り立つ．同様の考察から

$$\lim_{x \to -\infty} F(x) = 0$$

も成り立つことがわかる．

(4)　(3) と同様の考察から

$$F(x) = \lim_{x' \downarrow x} F(x'), \quad x \in \mathbb{R}$$

が成り立つ．つまり F は右連続関数である．

逆に，上の条件全てを満たす F に対して，標本空間 Ω および 確率 P をうまくとれば，その上の確率変数 X であって F を分布関数とするようなものが存在することが知られている．

3.4.2 分布関数と密度関数の関係

確率変数 X が連続型のとき，その分布関数 F と密度関数 f の間には次の関係がある：

$$F(x) = P(X \leq x) = \int_{-\infty}^{x} f(t)\,dt, \quad x \in \mathbb{R} \tag{3.9}$$

また分布関数 F に対して f が上の条件を満たせば，f は X の密度関数である．この関係を用いて，f の密度関数について考察しよう．

密度関数 f が存在するとすれば，(3.9) により F は連続でなくてはならない．従って確率変数 X の分布関数 F が連続でないとき，密度関数 f は存在しないことがわかる．

次に確率変数 X の分布関数 F が連続である場合，さらに，有限個の点を除いて微分可能である場合を考えよう．このとき，関数 $g\colon \mathbb{R} \to \mathbb{R}$ を

$$g(x) = \begin{cases} F'(x), & F \text{ は点 } x \text{ において微分可能} \\ 0, & F \text{ は点 } x \text{ において微分不可能} \end{cases}$$

により定めると，微分積分学の基本定理から

$$F(x) - F(a) = \int_{a}^{x} g(t)\,dt, \quad x, a \in \mathbb{R}$$

の関係式が成り立つ．ここで分布関数の性質 (3) を用いて $a \to -\infty$ の極限をとれば，

$$F(x) = \int_{-\infty}^{x} g(t)\,dt, \quad x \in \mathbb{R}$$

が得られ，従って関数 g が X の密度関数であることがわかる．なお，微分不可能な点における値を便宜上 0 と定めたが，1 点での積分は常に 0 であるから，どのような値で定めたとしても同じ議論が成り立つことに注意しておく．

注意 3.7 ある確率変数 X の分布関数 F が連続であっても，X の密度関数が存在しないことがある．連続で有限個の点を除いて微分可能であるという条件は密度関数が存在するための十分条件になっており，密度関数が存在する必要十分条件も知られている（本書の程度を超えるが，ラドン–ニコディムの定理と呼ばれる）．

上の事実を使った，具体的な計算例を見てみることにしよう．

例題 3.3　X, Y は独立な確率変数であって，$X, Y \sim U(0,1)$ とする．確率変数 Z を

$$Z = \max\{X, Y\}$$

で定めるとき，Z の密度関数を求めよ．

【解答】　Z の分布関数 $F(z) = P(Z \leq z)$ を求めて，それを微分することにより密度関数を求めよう．ただし微分不可能な点（$z = 1$）があるので，その点には注意が必要である．

まず，

$$Z \leq z \Leftrightarrow \max\{X, Y\} \leq z \Leftrightarrow X \leq z, Y \leq z$$

であることに注意しよう．これと X, Y の独立性を合わせると，

$$P(Z \leq z) = P(X \leq z, Y \leq z) = P(X \leq z)P(Y \leq z)$$

となる．従って

(1)　$z \leq 0$ のとき，$P(X \leq z) = P(Y \leq z) = 0$ であるから

$$F(z) = 0$$

である．

(2)　$0 < z < 1$ のとき，$P(X \leq z) = P(Y \leq z) = z$ であるから

$$F(z) = z^2$$

である．

(3)　$z \geq 1$ のとき，$P(X \leq z) = P(Y \leq z) = 1$ であるから

$$F(z) = 1$$

である．

以上から，分布関数は

$$F(z) = \begin{cases} 0, & z \leq 0 \\ z^2, & 0 < z < 1 \\ 1, & z \geq 1 \end{cases}$$

である．$z = 1$ を除き微分することにより（$z = 0$ も場合分けの境目であるが，関数の形を考えれば $z = 0$ でも $F(z)$ は微分可能である），Z の密度関数 f は

$$f(z) = \begin{cases} 0, & z \leq 0 \text{ または } z \geq 1 \\ 2z, & 0 < z < 1 \end{cases}$$

であることがわかる．　□

問題 3.5　X, Y, Z は独立な確率変数であって，$X, Y, Z \sim U(0,1)$ とする．確率変数 W を

$$W = \max\{X, Y, Z\}$$

で定めるとき，W の密度関数を求めよ．

もうひとつ計算例を示しておこう．

例題 3.4　確率変数 X は $U(0,1)$ に従うとする．確率変数 Y を

$$Y = X^2$$

で定めるとき，Y の密度関数を求めよ．

【解答】　Y の分布関数 $F(y) = P(Y \leq y)$ を求めて，それを微分することにより密度関数を求めよう．

(1)　$y < 0$ のとき，Y が非負の値しかとらないことに注意すれば

$$P(X^2 \leq y) = 0$$

を得る．従ってこの場合

$$F(y) = 0$$

である．

(2)　$0 \leq y \leq 1$ のとき，Y の定義から

$$Y \leq y \Leftrightarrow -\sqrt{y} \leq X \leq \sqrt{y}$$

であることに注意し，また $\sqrt{y} \leq 1$ であることに注意すれば

$$\begin{aligned} F(y) &= P(Y \leq y) \\ &= P(-\sqrt{y} \leq X \leq \sqrt{y}) \\ &= \int_{-\sqrt{y}}^{\sqrt{y}} 1_{(0,1)}(x)\,dx \\ &= \int_0^{\sqrt{y}} dx \qquad (\sqrt{y} \leq 1 \text{ より}) \\ &= \sqrt{y} \end{aligned}$$

であることがわかる．

(3) $y > 1$ のとき，Y の定義から

$$Y \leq y \Leftrightarrow -\sqrt{y} \leq X \leq \sqrt{y}$$

であったこと，また $P(0 \leq X \leq 1) = 1$ であることに注意すると

$$P(Y \leq y) = 1$$

を得る．従ってこの場合

$$F(y) = 1$$

である．

以上から，分布関数は

$$F(y) = \begin{cases} 0, & y < 0 \\ \sqrt{y}, & 0 \leq y \leq 1 \\ 1, & y > 1 \end{cases}$$

である．$y = 0, 1$ を除き微分することにより，Y の密度関数 f は

$$f(y) = \begin{cases} 0, & y \leq 0 \text{ または } y \geq 1 \\ \frac{1}{2\sqrt{y}}, & 0 < y < 1 \end{cases}$$

であることがわかる． □

注意 3.8 別の方法を使っても密度関数を求めることができる．定理 3.2 から，任意の有界連続関数 $F\colon \mathbb{R} \to \mathbb{R}$ に対して

$$E\bigl[F(Y)\bigr] = \int_{-\infty}^{\infty} F(x^2) 1_{[0,1]}(x)\, dx$$

であり，この右辺を $y = x^2$ と変数変換して書き換えると

$$\begin{aligned} \int_{-\infty}^{\infty} F(x^2) 1_{[0,1]}(x)\, dx &= \int_0^1 F(y) \frac{1}{2\sqrt{y}}\, dy \\ &= \int_{-\infty}^{\infty} F(y) \frac{1}{2\sqrt{y}}\, 1_{(0,1)}(y)\, dy \end{aligned}$$

となる．定理 3.3 を用いれば

$$f(y) = \begin{cases} 0, & y \leq 0 \text{ または } y \geq 1 \\ \frac{1}{2\sqrt{y}}, & 0 < y < 1 \end{cases}$$

が Y の密度関数であることがわかる．

問題 3.6 確率変数 X は $X \sim N(0,1)$ であるとする．このとき，X^2 の密度関数を求めよ．

同様の計算により，正規分布に関する次の事実が証明できる．

定理 3.5 X は実数値確率変数であって，$X \sim N(\mu, v)$ であるとする．

(1) a は 0 でない実数とする．このとき，確率変数 aX の密度関数は

$$\frac{1}{\sqrt{2\pi a^2 v}} \exp\left(-\frac{1}{2a^2 v}(x - a\mu)^2\right)$$

である．つまり

$$aX \sim N(a\mu, a^2 v)$$

である．

(2) $b \in \mathbb{R}$ とするとき，確率変数 $X + b$ の密度関数は

$$\frac{1}{\sqrt{2\pi v}} \exp\left(-\frac{1}{2v}(x - \mu - b)^2\right)$$

である．つまり

$$X + b \sim N(\mu + b, v)$$

である．

問題 3.7 定理 3.5 が成り立つことを確かめよ．

問題 3.8 確率変数 X は $U(-1,1)$ に従うとする．このとき，以下の問いに答えよ．

(1) X^2 の密度関数を求めよ．

(2) X^3 の密度関数を求めよ．

問題 3.9 $\lambda > 0$ とする．確率変数 X が $Ex(\lambda)$ に従うとき，$\sqrt{X}$ の密度関数を求めよ．

3.4.3 独立な連続型確率変数の和

離散型確率変数同士の和の場合，和の確率分布はそれぞれの確率分布のたたみ込みで表されるのであった（定理 2.4）．連続型でも同様のことが成り立つ．

定理 3.6　連続型確率変数 X, Y は独立であり，それぞれの密度関数は $f(x)$, $g(y)$ であると仮定する．このとき $Z = X + Y$ は再び連続型であり，その密度関数 h は

$$h(z) = \int_{-\infty}^{\infty} f(z-y)g(y)\,dy$$

で与えられる．なお，X, Y の役割を入れ替えれば

$$h(z) = \int_{-\infty}^{\infty} f(x)g(z-x)\,dx$$

とも表すことができる．この関数 h のことを f と g の**たたみ込み**という．

【証明】　今の場合，独立性から X, Y の同時密度関数は $f(x)g(y)$ の形で表されることに注意しよう．$z \in \mathbb{R}$ に対し，Z の分布関数 $P(Z \le z)$ を計算すると

$$\begin{aligned}
P(Z \le z) &= \int_{\{(x,y);x+y\le z\}} f(x)g(y)\,dx\,dy \\
&= \int_{-\infty}^{\infty}\int_{-\infty}^{z-y} f(x)g(y)\,dx\,dy && \text{（重積分を逐次積分の形に）} \\
&= \int_{-\infty}^{\infty}\int_{-\infty}^{z} f(t-y)g(y)\,dt\,dy && \text{（$t = x + y$ と変数変換）} \\
&= \int_{-\infty}^{z}\int_{-\infty}^{\infty} f(t-y)g(y)\,dy\,dt && \text{（積分の順序を交換）} \\
&= \int_{-\infty}^{z} h(t)\,dt
\end{aligned}$$

となるから，$h(z)$ は Z の密度関数であることがわかった．□

例題 3.5 確率変数 X, Y は独立で，$X, Y \sim U(0,1)$ とする．このとき，$X+Y$ の密度関数を求めよ．

【解答】 X, Y の密度関数は共通で

$$f(x) = \begin{cases} 1, & 0 < x < 1 \\ 0, & \text{その他} \end{cases}$$

である．従って，定理 3.6 から $X+Y$ の密度関数を h とすると

$$h(z) = \int_{-\infty}^{\infty} f(x)f(z-x)\,dx$$

である．f の形から

$$\begin{aligned} h(z) &= \int_0^1 f(z-x)\,dx \\ &= \int_{z-1}^{z} f(t)\,dt \qquad (t = z - x \text{ と変数変換}) \end{aligned} \tag{3.10}$$

であることがわかる．ここで，f が正となる区間 $(0,1)$ と積分区間 $(z-1, z)$ との共通部分がどのようになるか考えながら場合分けすると

(1) $z \leq 0$ のとき

区間 $(z-1, z)$ 上で $f(t) = 0$ だから，この場合 $h(z) = 0$ である．

(2) $0 < z \leq 1$ のとき

$$h(z) = \int_0^z dt = z$$

である．

(3) $1 < z \leq 2$ のとき

$$h(z) = \int_{z-1}^1 dt = 2 - z$$

である．

(4) $z > 2$ のとき

区間 $(z-1, z)$ 上で $f(t) = 0$ だから，この場合 $h(z) = 0$ である．

以上から，$X+Y$ の密度関数 h は

$$h(z) = \begin{cases} z, & 0 < z \leq 1 \\ 2-z, & 1 < z \leq 2 \\ 0, & z \leq 0, z > 2 \end{cases}$$

であることがわかった．□

問題 3.10　$\lambda > 0$ とする．確率変数 X, Y は独立で，$X, Y \sim Ex(\lambda)$ であるとする．このとき，$X+Y$ の密度関数を求めよ．

定理 3.6 を正規分布に対して適用すると，次の重要な性質が示される．

定理 3.7　X, Y をそれぞれ $N(0, v_1)$, $N(0, v_2)$ に従う独立な確率変数とする．このとき，$Z = X + Y$ は $N(0, v_1 + v_2)$ に従う．

【証明】　定理 3.6 を使えば $Z = X + Y$ の密度関数 h は

$$
\begin{aligned}
h(z) &= \int_{-\infty}^{\infty} \frac{1}{\sqrt{2\pi v_1}} \exp\left(-\frac{1}{2v_1}(z-y)^2\right) \frac{1}{\sqrt{2\pi v_2}} \exp\left(-\frac{1}{2v_2}y^2\right) dy \\
&= \int_{-\infty}^{\infty} \frac{1}{\sqrt{2\pi v_1}\sqrt{2\pi v_2}} \exp\left(-\frac{1}{2v_1}(z-y)^2 - \frac{1}{2v_2}y^2\right) dy
\end{aligned}
$$

であることがわかる．ここで指数部を y について平方完成すると

$$
\begin{aligned}
-\frac{1}{2v_1}(z-y)^2 - \frac{1}{2v_2}y^2 &= -\left(\frac{1}{2v_1} + \frac{1}{2v_2}\right)y^2 + \frac{1}{v_1}zy - \frac{1}{2v_1}z^2 \\
&= -\frac{v_1+v_2}{2v_1v_2}\left(y - \frac{v_2}{v_1+v_2}z\right)^2 - \frac{1}{2(v_1+v_2)}z^2
\end{aligned}
$$

が得られる．従って

$$
\begin{aligned}
h(z) &= \exp\left(-\frac{1}{2(v_1+v_2)}z^2\right) \\
&\qquad \times \int_{-\infty}^{\infty} \frac{1}{\sqrt{2\pi v_1}\sqrt{2\pi v_2}} \exp\left(-\frac{v_1+v_2}{2v_1v_2}\left(y - \frac{v_2}{v_1+v_2}z\right)^2\right) dy
\end{aligned}
$$

となる．ここで積分の値であるが，$a \in \mathbb{R}, v > 0$ に対し

$$
\frac{1}{\sqrt{2\pi v}} \int_{-\infty}^{\infty} \exp\left(-\frac{1}{2v}(y-a)^2\right) dy = 1
$$

であったことに注意すれば

$$
\begin{aligned}
&\int_{-\infty}^{\infty} \frac{1}{\sqrt{2\pi v_1}\sqrt{2\pi v_2}} \exp\left(-\frac{v_1+v_2}{2v_1v_2}\left(y - \frac{v_2}{v_1+v_2}\right)^2\right) dy \\
&\quad = \frac{1}{\sqrt{2\pi v_1}\sqrt{2\pi v_2}} \sqrt{\frac{2\pi v_1 v_2}{v_1+v_2}} = \frac{1}{\sqrt{2\pi(v_1+v_2)}}
\end{aligned}
$$

となる．以上から

$$h(z) = \frac{1}{\sqrt{2\pi(v_1+v_2)}} \exp\left(-\frac{1}{2(v_1+v_2)}\, z^2\right)$$

が得られた． □

定理 3.5 と定理 3.7 の結果を組み合わせると，正規分布は二項分布・ポアソン分布と同様に，再生性を持つことがわかる．

定理 3.8 X, Y をそれぞれ $N(m_1, v_1)$, $N(m_2, v_2)$ に従う独立な確率変数とする．このとき，$Z = X + Y$ は $N(m_1 + m_2, v_1 + v_2)$ に従う．

【証明】 $X - m_1$, $Y - m_2$ を考えるとこれらは独立であって，定理 3.5 より，それぞれ $N(0, v_1)$, $N(0, v_2)$ に従う．従って定理 3.7 より $X - m_1 + Y - m_2 \sim N(0, v_1 + v_2)$ が得られる．もう一度定理 3.5 を使えば $X + Y \sim N(m_1 + m_2, v_1 + v_2)$ が得られる．これが示したいことであった． □

指数分布は定理 3.8 にあるような再生性は満たさない（問題 3.10）．しかし，指数分布を含む分布のクラスを導入すれば，そこでは再生性を満たす．

定義 3.8 $\alpha, \lambda > 0$ とする．また $\Gamma(x)$ はガンマ関数，つまり

$$\Gamma(x) = \int_0^\infty t^{x-1} e^{-t}\, dt$$

とする．確率変数 X が連続型で，その密度関数が

$$f_{\alpha,\lambda}(x) = \begin{cases} \frac{\lambda^\alpha}{\Gamma(\alpha)}\, x^{\alpha-1} e^{-\lambda x}, & x > 0 \\ 0, & x \leq 0 \end{cases}$$

であるとき，X はパラメータ (α, λ) の**ガンマ分布**に従うといい，$X \sim \Gamma(\alpha, \lambda)$ で表す．

注意 3.9 ガンマ関数については，以下が成り立つことが知られている：

(1) $x > 0$ に対し，$\Gamma(x)$ を定める広義積分は収束する．

(2) $x > 0$ に対し，$\Gamma(x + 1) = x\Gamma(x)$ が成り立つ．

(3) $\Gamma(1) = 1$ である．

(4)　自然数 n に対し，$\Gamma(n+1) = n!$ である．

(5)　$x > 0,\ y > 0$ に対し，$B(x, y)$ をベータ関数，つまり

$$B(x, y) = \int_0^1 t^{x-1}(1-t)^{y-1}\,dt$$

とする．このとき

$$B(x, y) = \frac{\Gamma(x)\Gamma(y)}{\Gamma(x+y)}$$

が成り立つ．

なおこれらについては，参考文献[1]の p.295 以降で解説されているので，興味がある読者はそちらを参照されたい．

密度関数の形から，$\Gamma(1, \lambda)$ はパラメータ λ の指数分布 $Ex(\lambda)$ に他ならないことは注意しておこう．

定理 3.9　$\alpha, \beta, \lambda > 0$ とする．また確率変数 X, Y は独立で，それぞれ $X \sim \Gamma(\alpha, \lambda),\ Y \sim \Gamma(\beta, \lambda)$ であるとする．このとき，$X + Y \sim \Gamma(\alpha+\beta, \lambda)$ である．

【証明】　$X + Y$ の密度関数 g はたたみ込みで表すことができるのであった．また，$z \leq 0$ のとき $g(z) = 0$ となるから，$z > 0$ の場合だけ計算すると

$$\begin{aligned}
g(z) &= \int_{-\infty}^{\infty} f_{\alpha,\lambda}(x) f_{\beta,\lambda}(z-x)\,dx \\
&= \frac{\lambda^{\alpha+\beta}}{\Gamma(\alpha)\Gamma(\beta)} \int_0^z x^{\alpha-1} e^{-\lambda x} (z-x)^{\beta-1} e^{-\lambda(z-x)}\,dx \\
&= \frac{\lambda^{\alpha+\beta}}{\Gamma(\alpha)\Gamma(\beta)}\, e^{-\lambda z} \int_0^z x^{\alpha-1}(z-x)^{\beta-1}\,dx
\end{aligned}$$

となる．ここで，$t = \frac{x}{z}$ と変数変換すると

$$\begin{aligned}
g(z) &= \frac{\lambda^{\alpha+\beta}}{\Gamma(\alpha)\Gamma(\beta)}\, e^{-\lambda z} z^{\alpha+\beta-1} \int_0^1 t^{\alpha-1}(1-t)^{\beta-1}\,dt \\
&= \frac{\lambda^{\alpha+\beta}}{\Gamma(\alpha)\Gamma(\beta)}\, B(\alpha, \beta) e^{-\lambda z} z^{\alpha+\beta-1}
\end{aligned}$$

となる．ただし B はベータ関数である．ここで注意 3.9 (5) の性質から，$g(z) = f_{\alpha+\beta,\lambda}(z)$ であることが得られる．　□

注意 3.10　この定理を使うと，X, Y が独立で $X, Y \sim Ex(\lambda)$ のとき，$X+Y \sim \Gamma(2,\lambda)$ となることがわかる（問題 3.11 を参照）.

問題 3.11　確率変数 $X_1, \ldots, X_n$ は独立で，全てパラメータ λ の指数分布に従うとする．このとき，以下の問いに答えよ．

(1)　和 $X_1 + \cdots + X_n$ はどのような分布に従うか．

(2)　$n \geq 2$ とする．確率変数 Y を

$$Y = \frac{1}{X_1 + \cdots + X_n}$$

により定めるとき，Y の期待値を求めよ．

第3章　演習問題

演習 3.1　確率変数 X, Y は独立で $X, Y \sim U(0,1)$ とする．このとき，

$$P(X^2 + Y^2 < 1)$$

の値を求めよ．

演習 3.2　確率変数 X, Y は独立で $X, Y \sim N(0,1)$ とする．このとき，

$$P(X^2 + Y^2 \leq 2)$$

の値を求めよ．

演習 3.3　確率変数 X, Y は独立で $X, Y \sim U(0,1)$ とする．確率変数 U, V を

$$U = \sqrt{-2\log X}\cos(2\pi Y),$$
$$V = \sqrt{-2\log X}\sin(2\pi Y)$$

で定めたとき，U, V の同時密度関数を求めよ．

Hint: 任意の有界連続関数 F に対し

$$E\big[F(U,V)\big] = \int_{\mathbb{R}^2} F(x,y) f(x,y)\,dx\,dy$$

となるような関数 f を見つけることができれば，3.3.1 項の定理 3.3 より f が求める同時密度関数である．上の式の左辺は一様分布の密度関数を使って計算できるから，右辺の形になるように変数変換をすればよい．

演習 3.4　確率変数 X は $U(0,1)$ に従うとする．確率変数 Y を

$$Y = -\log(1-X)$$

により定めるとき，Y の密度関数を求めよ．

演習 3.5　確率変数 X は $U(0,1)$ に従うとする．確率変数 Y を

$$Y = \tan\left(\pi X - \frac{\pi}{2}\right)$$

により定めるとき，Y の密度関数を求めよ．

演習 3.6　確率変数 X は $U(0,1)$ に従うとする．確率変数 Y を

$$Y = \sin\left(\pi X - \frac{\pi}{2}\right)$$

により定めるとき，Y の密度関数を求めよ．

演習 3.7　確率変数 X が連続型であり，その密度関数が $f(x)$ であるならば $-X$ は連続型であり，その密度関数 $g(x)$ は

$$g(x) = f(-x)$$

で与えられることを示せ．

演習 3.8　確率変数 $X_1, X_2, \ldots$ は独立であり，全て指数分布 $Ex(\lambda)$ に従うと仮定する．さらに，確率変数 Y を

$$Y = \max\left\{k \in \mathbb{N} \cup \{0\};\ \sum_{i=1}^{k} X_i \leq 1\right\} \quad \left(\sum_{i=1}^{0} X_i = 0 \text{ とする}\right)$$

で定めるとき，次の問いに答えよ．

(1)　事象 $\{Y = n\}$ を $X_1, \ldots, X_{n+1}$ を使って表せ．

(2)　Y の確率分布を求めよ．

Hint: $X_1 + \cdots + X_n \sim \Gamma(n, \lambda)$ であることを使う．

第4章 いろいろな極限定理

この章では，確率変数の極限について学ぶことにしよう．次の章以降で統計学の基礎について学ぶことになるが，ここで紹介する極限定理は統計学の根底にあり，諸概念を理解するためには不可欠である．

4.1 大数の法則

期待値の定義を与えたときにも触れたが，独立に何度も試行を繰り返したとき，その結果の算術平均の近づく値，試行を繰り返したときに「期待」される値というイメージがあるのではないだろうか．そのことは「**大数の法則**」と呼ばれるが，そのことを定理として述べよう．

以下，確率変数 $X_1, X_2, \ldots$ は独立であり全ての確率分布は等しい（このことを**独立同分布**という）と仮定する．このとき，総和

$$S_n = \sum_{k=1}^{n} X_k$$

および算術平均 $\frac{1}{n} S_n$ が興味の対象である．

定理 4.1　大数の弱法則

確率変数 $X_1, X_2, \ldots$ は独立同分布と仮定する．また，期待値および分散は有限であると仮定する．このとき，任意の $\epsilon > 0$ に対して

$$\lim_{n \to \infty} P\left(\left| \frac{1}{n} S_n - E[X_1] \right| > \epsilon \right) = 0$$

が成り立つ．

注意 4.1　ここでは大数の弱法則を証明するにとどめるが，測度論的確率論の枠組みを用意すれば，主張としてより明確な

$$P\left(\lim_{n \to \infty} \frac{1}{n} \sum_{k=1}^{n} X_k = E[X_1] \right) = 1$$

を証明することもできる．こちらのほうが強い主張であり，このことを「**大数の強法則**」と呼ぶ．なお，詳細については参考文献[4]第 4 章などを参照されたい．

定理 2.14 における分散の展開式 (2.10)

$$V\left[\sum_{k=1}^{n} X_k\right] = \sum_{k=1}^{n} V[X_k] + \sum_{1\leq j,k\leq n, j\neq k} C(X_j, X_k)$$

を思い出しておこう．このことから次のことが成り立つ．

定理 4.2 確率変数 $X_1, X_2, \ldots$ は独立であると仮定する．また，全て分散は有限であることも仮定する．このとき

$$V[S_n] = \sum_{k=1}^{n} V[X_k] \tag{4.1}$$

が成り立つ．

【証明】 独立であったことを使えば

$$C(X_k, X_j) = E\big[(X_k - E[X_k])(X_j - E[X_j])\big] = \begin{cases} V[X_k], & k = j \\ 0, & k \neq j \end{cases}$$

であるから，(2.10) より

$$V\left[\sum_{k=1}^{n} X_k\right] = \sum_{k=1}^{n} V[X_k]$$

であることがわかる． □

それでは定理 4.1 の証明をしよう．

【定理 4.1 の証明】 チェビシェフの不等式（定理 2.11）から

$$P\big(|X - E[X]| > \epsilon\big) \leq \epsilon^{-2} V[X]$$

だったから，

$$\lim_{n\to\infty} V\left[\frac{1}{n}\sum_{k=1}^{n} X_k\right] = 0 \tag{4.2}$$

であることが証明できれば，定理は証明できたことになる．これを証明しよう．

ここで，$X_1, \ldots, X_n$ が独立同分布だったことより全て分散が等しいことに注意すれば，(4.1) によって

$$V\left[\sum_{k=1}^{n} X_k\right] = nV[X_1]$$

であることがわかる．ここで 2.3 節の (2.9) を使えば

$$V\left[\frac{1}{n}\sum_{k=1}^{n} X_k\right] = \frac{1}{n}V[X_1] \tag{4.3}$$

が得られ，従って (4.2) が成り立つ． □

大数の弱法則の証明の鍵は算術平均の分散が (4.3) と表されることであった．よい機会なので，このことを用いた考察をしてみることにしよう．

例 4.1 数種類の債権に投資することを考えよう．1万円投資したときの1年後の価値を表す確率変数 $X_1, \ldots, X_n$ があるとしておく．また全ての期待値・分散は等しいと仮定しておこう．

手元の1万円をこの n 種類に等分して投資し，1年後の資産価値を Y とすれば

$$Y = \frac{1}{n}\sum_{k=1}^{n} X_k$$

となる．このときの期待値は

$$\begin{aligned} E[Y] &= \frac{1}{n}\sum_{k=1}^{n} E[X_k] \\ &= E[X_1] \end{aligned}$$

である．また分散は (4.1) により

$$V[Y] = \frac{1}{n}V[X_1]$$

である．従ってこの戦略により，n が大きければ，将来の資産価値へのばらつきを抑えることができ，概ね期待値 $E[X_1]$ が得られるのである．

この議論は独立性（無相関性）に立脚している．無相関でなければ，同じように投資したとしても共分散の項が定理 2.14 の (2.10) にあるまま残ることと

なり，分散への寄与が無視できなくなることには注意が必要である．従って将来の資産価値に対する分散を小さくすることを目的に分散投資するのであれば，独立と思われる投資先を選ぶ必要がある．□

注意 4.2 手元の1万円から分割して投資するが，その額は均等でなくてもよいものとしよう．債権 X_k に投資する額を a_k 万円としたとき，1年後の資産価値 Y は

$$Y = \sum_{k=1}^{n} a_k X_k$$

となるが，制約条件

$$a_k \geq 0, \quad a_1 + \cdots + a_n = 1$$

の下では，分散を最小化するのは上で挙げた均等配分であることがわかる．これについては付録 A.3 節において述べているので，興味がある読者はそちらを参照されたい．

4.2 中心極限定理

大数の弱法則（定理 4.1）によれば，算術平均は期待値の周辺に集中していき，極限をとるとランダムではない定数になるのであった．ここでは，ランダムな項を拡大したときにどのようなことが起きているか考えてみることにしよう．

以下，確率変数 $X_1, X_2, \ldots$ は独立同分布と仮定する．またこれらの期待値は m とし，分散を $v > 0$ であるとする．

算術平均を期待値 0，分散 1 になるように正規化した，次の量を考えよう．

$$\begin{aligned} Z_n &= \frac{\frac{1}{n} S_n - E[\frac{1}{n} S_n]}{\sqrt{V[\frac{1}{n} S_n]}} \\ &= \frac{S_n - mn}{\sqrt{vn}} \end{aligned}$$

このとき，以下が成り立つ．

定理 4.3 中心極限定理

上で定義した Z_n に対し

$$\lim_{n \to \infty} P(a \leq Z_n \leq b) = \frac{1}{\sqrt{2\pi}} \int_a^b e^{-x^2/2} \, dx \tag{4.4}$$

が任意の $a, b \in \mathbb{R}$ に対し成立する．

中心極限定理の主張を大まかにいえば，n が大きければ

$$\frac{1}{n}\sum_{k=1}^{n} X_k \sim N\left(m, \frac{v}{n}\right)$$

と近似できることである．これを $p = \frac{1}{2}$ の二項分布の場合，つまり X_n が確率 $\frac{1}{2}$ のベルヌーイ試行の場合に，グラフで確かめてみることにしよう．ただ $\frac{1}{n}$ がついたままでは点が込み入って見づらくなるので，同等の式

$$\sum_{k=1}^{n} X_k \sim N(nm, vn)$$

が概ね成り立つことをグラフで確かめてみよう．左辺の確率分布

$$p_n(k) = \frac{{}_n\mathrm{C}_k}{2^n}$$

に対し点 $(k, p_n(k)), k = 0, \ldots, n$ をかき，これと $N(\frac{n}{2}, \frac{n}{4})$ の密度関数を重ねたものが下のグラフである．これを見ると非常によく近似されていることがわかるだろう．

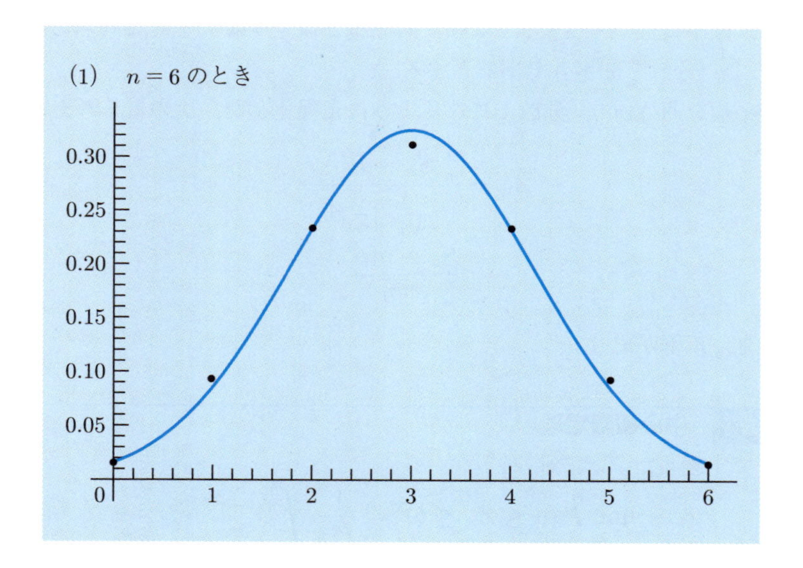

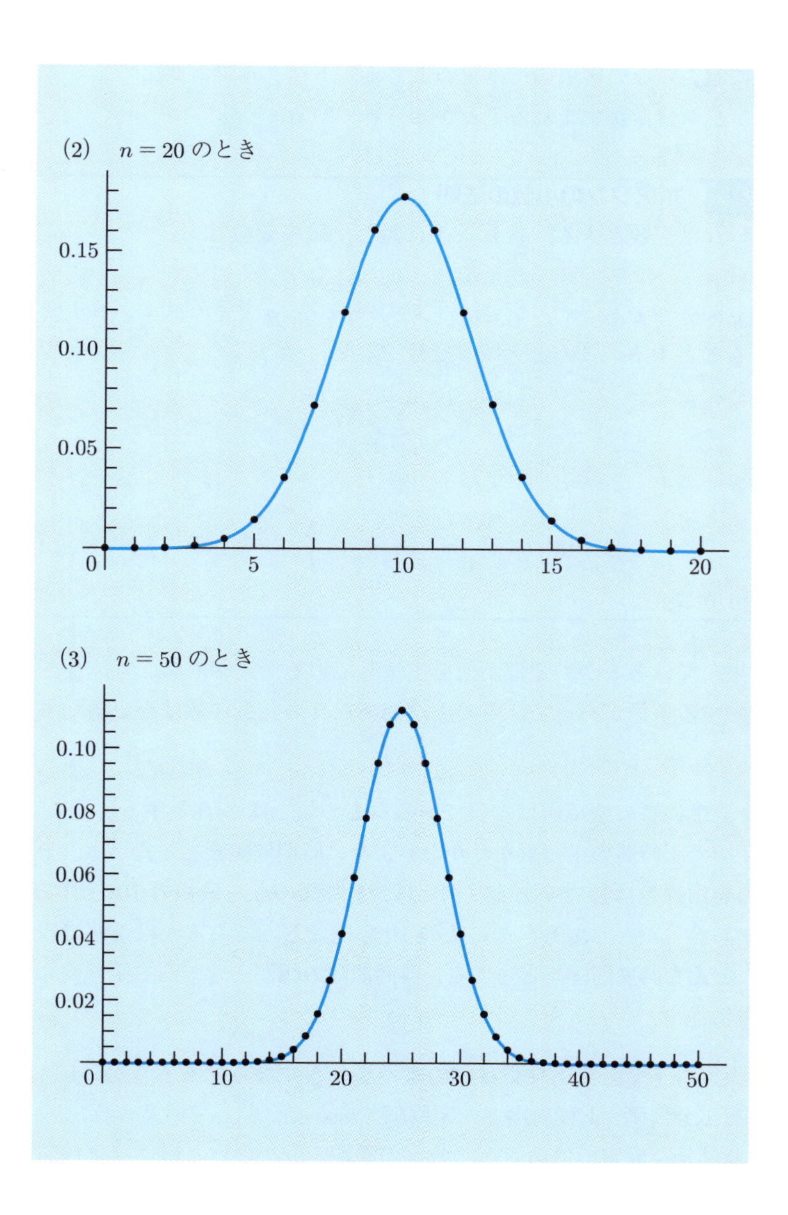
(2)　$n=20$ のとき
0.15
0.10
0.05
0
5
10
15
20
(3)　$n=50$ のとき
0.10
0.08
0.06
0.04
0.02
0
10
20
30
40
50

4.3　ポアソンの小数の法則

滅多に起こらない事象の積み重ねを考え，トータルで何か出てくるような場合，ポアソン分布が生まれることが知られている．

定理 4.4　ポアソンの小数の法則

$\lambda > 0$ は定数とする．各 $n \geq 1$ に対し，確率変数

$$X_{n,1}, \ldots, X_{n,n}$$

は独立同分布であって，全てパラメータ $p_n := n^{-1}\lambda$ のベルヌーイ試行に従うものとする．このとき確率変数 Z_n を

$$Z_n = \sum_{m=1}^{n} X_{n,m}$$

で定義すると

$$\lim_{n\to\infty} P(Z_n = k) = e^{-\lambda}\frac{\lambda^k}{k!}, \quad k \geq 0 \tag{4.5}$$

が成り立つ．

大雑把にではあるが，定理が何を主張しているか述べておこう．今，ランダムに発生する事柄があって，その1時間あたりの発生件数は次を満たすと仮定する：

(1)　発生件数の期待値は有限である（この値を $\lambda > 0$ とする）．

(2)　その1時間の中で重なりがないように時間間隔をとったとき，その間での発生件数は独立である（例えば，1時間のうち最初の10分の発生件数がわかったとしても，その次の10分間でどうであるかは予測できない）．

(3)　どんな時間間隔をとっても，時間間隔の幅が一定である限り同じ確率分布に従う．

この仮定の下で，発生件数はどのような分布になるであろうか．1時間という時間を1分間隔，1秒間隔と一定間隔で細かく分割して考えよう．

かなり乱暴な仮定ではあるが，分割の幅が十分小さければ，発生件数は高々1件であると考えてよいだろう．このように思ってしまえば，各分割での発生

件数はベルヌーイ試行と考えられ，仮定 (2) からそれらは独立ということになる．また分割の幅が同じだから，仮定 (3) よりその成功確率は一定でなくてはならない．今，n 分割したと仮定し，1 つの分割での発生件数が $Bin(1, p_n)$ に従うと仮定すると，発生件数の期待値に対する仮定 (1) により

$$np_n = \lambda$$

でなくてはならない．つまり $p_n = \frac{\lambda}{n}$ であり，全体の発生件数 Z は $Bin(1, \frac{\lambda}{n})$ に従う独立な確率変数 $X_{n,1}, \ldots, X_{n,n}$ の和

$$Z = \sum_{k=1}^{n} X_{n,k}$$

で表されることになる．

実際には分割内の発生件数が 1 件であるかどうかはさだかでなく，幅がある限り 2 件以上発生している可能性は否定できない．幅が広ければその可能性は増すことになるから，より正確な近似とするには分割の幅を狭くしていく必要がある．定理 4.4 が主張するのは，$n \to \infty$ とする，つまり分割の幅を狭くする極限をとると，極限としてポアソン分布が現れるということである．

第5章 データの整理

この章では，ある集団についてそのデータが得られているときに，その特徴を表・グラフ・数値を使って把握することを扱う．ここでは，1つのデータに対する解析方法と，データの組に対する解析方法を順に学ぶことにしよう．

5.1 1次元のデータ

たとえば，ある学校の生徒の身長のデータが与えられたとき，そこから特徴をつかむにはどのようにすればよいだろうか．ここでは，まず図表にまとめる方法を学び，次に特徴を数値として表すことを学ぶ．

5.1.1 度数分布表・ヒストグラム

一般に，データを収集すると，データの羅列として得られる．このままではデータにどのような特徴があるか一見しただけではわかりにくい．データを人が見て（直観的に）わかりやすいよう，表やグラフにまとめよう．この過程において，精度を落として見やすくすることが行われる．

データを階級に分けて集計した表のことを**度数分布表**という．具体的には次のような表のことである：

階級	階級値	度数	相対度数	累積度数	累積相対度数
$a_1 \sim a_2$	$(a_1 + a_2)/2$	f_1	f_1/N	f_1	f_1/N
$a_2 \sim a_3$	$(a_2 + a_3)/2$	f_2	f_2/N	$f_1 + f_2$	$(f_1 + f_2)/N$
$a_3 \sim a_4$	$(a_3 + a_4)/2$	f_3	f_3/N	$f_1 + f_2 + f_3$	$(f_1 + f_2 + f_3)/N$
$\vdots$	$\vdots$	$\vdots$	$\vdots$	$\vdots$	$\vdots$
$a_{k-1} \sim a_k$	$(a_{k-1} + a_k)/2$	f_{k-1}	f_{k-1}/N	$f_1 + \cdots + f_{k-1}$	$(f_1 + \cdots + f_{k-1})/N$
$a_k \sim a_{k+1}$	$(a_k + a_{k+1})/2$	f_k	f_k/N	$f_1 + \cdots + f_k$	$(f_1 + \cdots + f_k)/N$
合計		N	1		

度数分布表における階級の幅・数は作成者側で決定することとなる．度数分布表が意味のあるものとするためには，この階級を適切に決める必要がある：

- 階級数が少なすぎるとデータのロスが大きく，特徴がぼやけて見えなくなってしまう．
- 階級数が多すぎるとデータのロスは少なくてすむが，細かい凹凸が目立ってしまうため，特徴がつかみづらくなる．

どのような階級数がよいか，またどのような階級を設定するのがよいかは作成者側で判断するため，同じデータに対する度数分布表であっても，作成者によって変化しうるものであることは注意が必要である．

度数分布表に対応した柱状グラフのことを**ヒストグラム**という．数値が連続的である場合，もしくはほぼみなしてよいであろう場合であれば，

- 横軸に観測値の取りうる値をとる．
- それぞれの階級に対して，階級幅を横幅に，柱の面積が度数と比例するように高さを定める（階級が等間隔ならば，高さと度数が比例）．

という規則の下でグラフをかく．

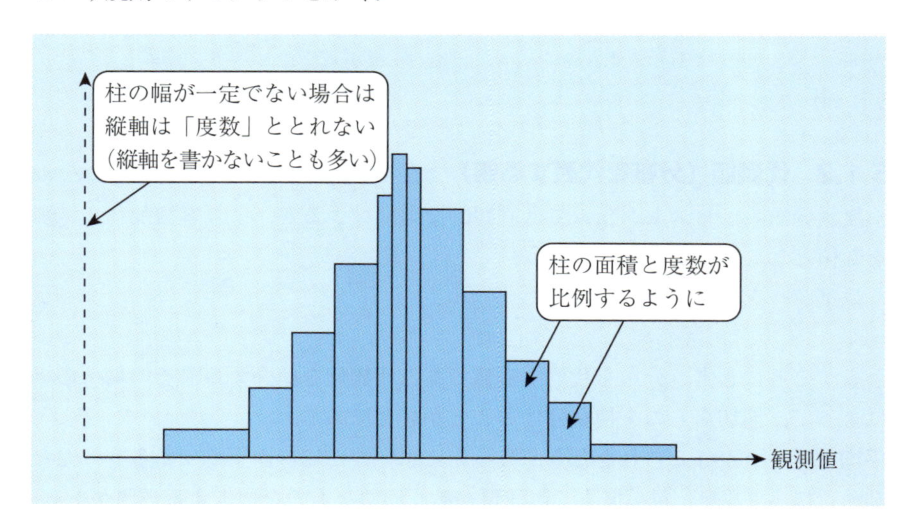

注意 5.1　度数分布表では最初の階級には下限値がなく，最後の階級に上限値がないことも多い．これらについては，その場その場によって適当に決めるしかない．

注意 5.2 度数分布表・ヒストグラムにおいて，階級の数・幅には任意性がある．やろうと思えば恣意的に印象操作ができることには注意が必要．また棒の高さがスペースに収まらないときに波線を入れるケースがまま見受けられるが，そのようにしてかかれたグラフを目にすると，データとは異なった印象を与えてしまうため避けるべきである．加えて，波線が入ったヒストグラムを見るとき，頭に浮かぶイメージと現実との間に差異があることは念頭に入れておく必要がある．

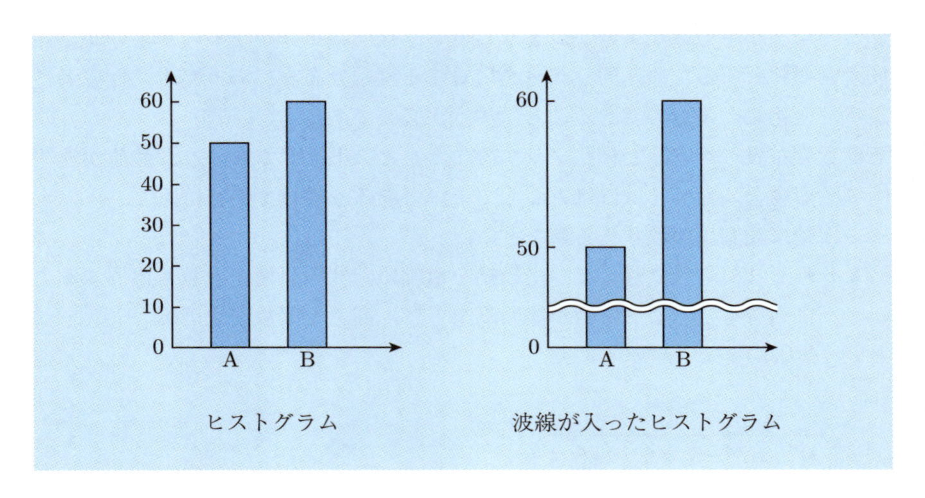

ヒストグラム　　波線が入ったヒストグラム

5.1.2 代表値（分布を代表する値）

度数分布表・ヒストグラムでは直観的な理解によるが，より客観的に，特徴を数値として表すことを考えよう．

以下データを

$$x_1, x_2, \ldots, x_N$$

と表すことにして，分布を代表する値である**代表値**を紹介する．その場その場によって，適切なものを使い分けることが必要である．

平均 データが与えられたとき，真っ先に思い浮かぶのが**平均**であろう．ただし一言に「平均」と言っても，何種類かあり適切なものを選択する必要がある．

まずよく考えられるのが

$$\overline{x} = \frac{1}{N}\sum_{i=1}^{N} x_i$$

により与えられる**算術平均**であろう．これはデータの重心に相当する．

例 5.1　生徒 30 名に 100 点満点のテストを実施したところ，以下のような結果となった．

39	43	49	50	51	52	53	55	55	57
57	58	59	64	66	67	71	72	73	74
76	76	85	89	89	89	90	99	99	100

このとき平均を有効数字 3 桁で求めると

$$\frac{39+43+\cdots+99+100}{30}=68.5666\cdots\fallingdotseq 68.6\ (\text{点})$$

である．□

ここで対象物が預金金利（元金を含めた形とし，101% のように表すことにする）という場合，平均として算術平均ではなく

$$\breve{x}=\left(\prod_{i=1}^{N}x_i\right)^{1/N}$$

により与えられる**幾何平均**が用いられる．その理由として，預金金利の幾何平均を考えると，その期間金利が幾何平均の値で一定であるとして得られる金額と，実際に得られる金額とが一致するからである．

問題 5.1　ある農園で収穫された梨 30 個の重量を計測したところ，以下の結果を得た（単位は全て g）．

257	257	258	259	260	261	263	263	263	265
266	267	268	268	268	268	269	269	269	269
270	270	271	274	274	277	279	282	282	283

このとき平均値を有効数字 3 桁で求めよ．

中央値と分位点　データを小さいものから大きいものに並べ替えたときの中央の値を**中央値**もしくは**メディアン**と呼ぶ．データ

$$x_1,x_2,\ldots,x_N$$

を小さい方から順に並べ替えたものを

$$x_{(1)},x_{(2)},\ldots,x_{(N)}$$

と表すことにすると，中央値は

$$\begin{cases} x_{(n+1)}, & N \text{ が奇数 } (N=2n+1) \text{ のとき} \\ \frac{x_{(n)}+x_{(n+1)}}{2}, & N \text{ が偶数 } (N=2n) \text{ のとき} \end{cases}$$

中央値と同様に小さい方から順に並び替えたとき，$100p$ %（ただし $0 \le p \le 1$）の場所にある値つまり，$p(N-1)+1$ 番目の値を $100p$ % **分位点**と呼ぶ．ただし，分位点がデータとデータの間となるときは，両側の平均で定めることにする．特に $p = 0.25, 0.5, 0.75$ の場合には

- **第 1 四分位点** $Q_1 = 25\%$ 分位点
- **第 2 四分位点** $Q_2 = 50\%$ 分位点（中央値）
- **第 3 四分位点** $Q_3 = 75\%$ 分位点

と呼ぶ．第 1 四分位点・第 2 四分位点・第 3 四分位点のことを**第 1 四分位数**・**第 2 四分位数**・**第 3 四分位数**と呼ぶこともある．

注意 5.3　本書では四分位点の定義を上の通りとしたが，他の定義もある．例えば中央値を定義するとき，データの総数 N が奇数が偶数かで分けたが，次のようにするのである：

(1)　N が奇数，つまり $N = 2n+1$ と表されるとき
$x_{(n+1)}$ を境にデータ $x_{(1)}, \ldots, x_{(n)}$ とデータ $x_{(n+2)}, \ldots, x_{(N)}$ を考え，前者の中央値を第 1 四分位点，後者の中央値を第 3 四分位点とする．

(2)　N が偶数，つまり $N = 2n$ と表されるとき
データ $x_{(1)}, \ldots, x_{(n)}$ とデータ $x_{(n+1)}, \ldots, x_{(N)}$ を考え，前者の中央値を第 1 四分位点，後者の中央値を第 3 四分位点とする．

多少のずれがあるが，データが十分多く密である限りにおいて，値に大きな差は生まれないことは注意しておく．

例 5.2　例 5.1 のデータにおいて，中央値は $\frac{30-1}{2}+1 = 15.5$ より 15 番目と 16 番目の平均．よって

$$\frac{66+67}{2} = 66.5 \text{（点）}$$

第 1 四分位点は $\frac{30-1}{4}+1 = 8.25$ より 8 番目と 9 番目の平均．よって

$$\frac{55+55}{2} = 55.0 \text{（点）}$$

第 3 四分位点は $\frac{3(30-1)}{4}+1 = 22.75$ より 22 番目と 23 番目の平均．よって

$$\frac{76+85}{2} = 80.5 \text{（点）}$$

□

注意 5.4 ヒストグラムの特徴を簡易的に表す次の**箱ひげ図**を用いることがある.

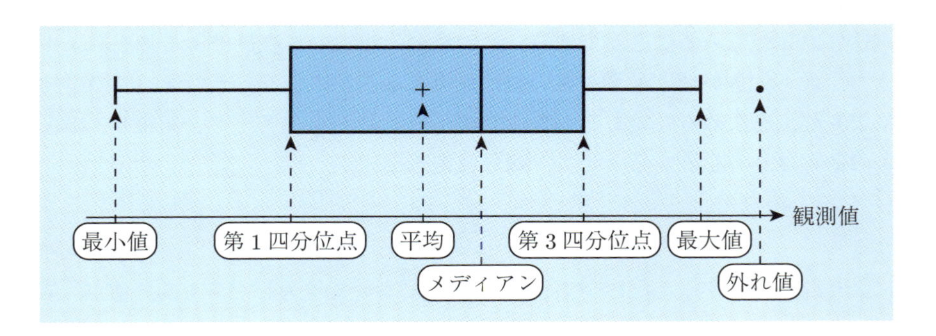

なお分位点の他，平均を書き加えることもある．また極端に大きな値，または極端に小さな値を**外れ値**として除外して扱うこともある.

問題 5.2 問題 5.1 のデータについて，中央値，第1四分位点，第3四分位点を有効数字3桁で求めよ．またこれらの値から箱ひげ図を作成せよ.

5.1.3 散らばりの尺度

データの特徴を表す量である代表値のいくつかを紹介したが，それだけではデータの特徴をつかめたとは言い難い．たとえば

データ A	1, 2, 2, 3, 3, 3, 3, 4, 4, 5
データ B	2, 2, 3, 3, 3, 3, 3, 3, 4, 4

というデータがあったとき，ともに平均・中央値は 3 という値ではあるが，データ B の方が平均・中央値の周辺に固まっていることが見てとれる．つまり代表値は同じでも，散らばり方に違いが起こりえるのである．この項では，データがどの程度の散らばりを見せているかを数値として表すことを考えよう.

レンジと四分位偏差 データの存在範囲の大きさを**レンジ**という．これは

$$R = \max\{x_1, \ldots, x_N\} - \min\{x_1, \ldots, x_N\}$$

により表すことができる．この値が大きければ，データが大きく散らばっていると考えることができる．ただし極端な値（外れ値）がたとえ1個でもあると，それに引きずられる形でレンジは大きくなるため注意が必要である.

極端な少数のデータを取り除けば，このような極端な値による影響は排除することができるであろう．このような考え方はフィギュアスケートにおける採点法においてもみることができる．この場合，複数の審査員による審査結果のうち，最も大きい値と最も小さい値は無視することにして，その他の値の平均により評点を決めるのである．ここでは，上 $\frac{1}{4}$ と下 $\frac{1}{4}$ のデータを無視し，中央 $\frac{1}{2}$ の散らばり方を表す量として，**四分位偏差**を

$$Q = \frac{Q_3 - Q_1}{2}$$

により導入しよう．ただし，Q_1, Q_3 は前項において導入した第1四分位点，第3四分位点である．

例 5.3 例 5.1 のデータにおいて，レンジ・四分位偏差を有効数字3桁で求めると，

$$R = 100 - 39 = 61.0,$$

$$Q = \frac{80.5 - 55.0}{2} = 12.75 \fallingdotseq 12.8$$

を得る． □

問題 5.3 問題 5.1 のデータについて，レンジおよび四分位偏差を有効数字3桁で求めよ．

分散と標準偏差 平均からずれたデータが多い，また各データの平均からのずれが大きいとき，散らばりが大きいと考えることができる．このことに基づき，平均 $\overline{x}$ からのずれの大きさ（絶対値）の平均値

$$d = \frac{1}{N}\sum_{i=1}^{N}|x_i - \overline{x}|$$

で得られる値 d のことを**平均偏差**と呼ぶ．

注意 5.5 絶対値をとらないで和をとった場合，平均 $\overline{x}$ の定義から

$$\frac{1}{N}\sum_{i=1}^{N}(x_i - \overline{x}) = 0$$

が常に成り立つ．

平均偏差の定義において，絶対値をとることによって正負の符号を無視することにしていると考えられる．絶対値の代わりに二乗を考えることによっても同様のことができる．こうして得られた，平均 $\overline{x}$ からのずれの二乗の平均値

$$S^2 = \frac{1}{N}\sum_{i=1}^{N}(x_i - \overline{x})^2 \tag{5.1}$$

のことを**分散**という．

計算が何かとしやすいので，平均偏差ではなく，分散が用いられることが多い．ただし平均偏差はデータと同じ単位の数値であるが，分散はデータと同じ単位の数値ではない．例えばデータの単位が m なら分散の単位は m^2 である．データと同じ単位にそろえた

$$S = \sqrt{S^2}$$

のことを**標準偏差**という．

例 5.4　例 5.1 のデータにおいて，平均偏差・分散・標準偏差を有効数字 3 桁で求めると

$$\begin{aligned}
d &= \frac{|39 - 68.5666\cdots| + \cdots + |39 - 68.5666\cdots|}{30} \\
&= 14.8044\cdots \fallingdotseq 14.8, \\
S^2 &= \frac{(39 - 68.5666\cdots)^2 + \cdots + (39 - 68.5666\cdots)^2}{30} \\
&= 298.312\cdots \fallingdotseq 298, \\
S &= \sqrt{298.312\cdots} \\
&= 17.27171741 \fallingdotseq 17.3
\end{aligned}$$

を得る．□

注意 5.6　その前までに得られた数値を利用する際，切り上げた数値を使ってはいけない．このような計算方法では，計算の度に誤差が増えてしまい，計算結果に大きな差が生まれることになる．

分散の計算はいささか面倒である．次の事実を用いると，多少気をつけなければいけない点もあるが，計算の量を軽減することができる．

定理 5.1 分散は次のように表される：

$$S^2 = \frac{1}{N}\sum_{i=1}^{N} x_i^2 - \overline{x}^2 \tag{5.2}$$

【証明】 分散の定義によれば

$$\begin{aligned}
S^2 &= \frac{1}{N}\sum_{i=1}^{N}(x_i - \overline{x})^2 \\
&= \frac{1}{N}\sum_{i=1}^{N}\left(x_i^2 - 2\overline{x}x_i + \overline{x}^2\right) \\
&= \frac{1}{N}\sum_{i=1}^{N}x_i^2 - 2\overline{x}\cdot\frac{1}{N}\sum_{i=1}^{N}x_i + \overline{x}^2\cdot\frac{1}{N}\sum_{i=1}^{N}1 \\
&= \frac{1}{N}\sum_{i=1}^{N}x_i^2 - 2\overline{x}^2 + \overline{x}^2 \\
&= \frac{1}{N}\sum_{i=1}^{N}x_i^2 - \overline{x}^2
\end{aligned}$$

であることがわかる． □

注意 5.7 (1) (5.2) の右辺により分散を計算すると，引き算の回数は定義式 (5.1) による場合よりも $N-1$ 回分少ない．従って，手計算により分散を計算するときは (5.2) による計算が簡単でよい．ただし後述するように，$\overline{x}$ および $\frac{1}{N}\sum_{i=1}^{N}x_i^2$ の有効数字の桁数を十分大きくとって計算しなくてはならない．

(2) 計算機（電卓も含む）において実数を表す際，概ね浮動小数点（固定桁の有効数字を元にした数値の表現）を用いることになる．この浮動小数点の下で値がほぼ等しい数値同士の減法を行った場合，有効数字の減少，いわゆる**桁落ち**が起きる．これにより，減算

$$\frac{1}{N}\sum_{i=1}^{N}x_i^2 - \overline{x}^2$$

による誤差が大きくなる可能性がある．このような事情から，計算機において分散を計算しようとする場合（引き算で手間をかけても問題ない場合）は，(5.2) よりも定義

式 (5.1) を用いる方が望ましい（人と違って，計算機は面倒な計算でも文句は言わない）．もし (5.2) を使うのであれば，桁落ちしても十分桁数が残るよう，十分桁数を大きくとって計算を進める必要がある．

問題 5.4 問題 5.1 のデータについて，平均偏差・分散・標準偏差を有効数字 3 桁で求めよ．

5.1.4 データの変換

データとデータの比較をするためには，単位などデータの尺度を揃える操作が必要となる．ここでは，データを定数倍・定数によるずらしにより変換することを考えよう．変換によって得られたデータについて，次のことが成り立つ．

定理 5.2 データ $x_1, \ldots, x_N$ に対して

$$z_i = ax_i + b, \quad 1 \leq i \leq N$$

と変換すると，その平均 $\overline{z}$ および分散 S_z^2 は，もとの平均 $\overline{x}$ および分散 S_x^2 を用い，

$$\overline{z} = a\overline{x} + b, \quad S_z^2 = a^2 S_x^2$$

と表される．

【証明】 平均の定義に従えば

$$\begin{aligned}\overline{z} &= \frac{1}{N}\sum_{i=1}^{N} z_i \\ &= \frac{1}{N}\sum_{i=1}^{N}(ax_i + b) \\ &= a \cdot \frac{1}{N}\sum_{i=1}^{N} x_i + b \cdot \frac{1}{N}\sum_{i=1}^{N} 1 \\ &= a\overline{x} + b\end{aligned}$$

を得る．また分散の定義に従えば

$$S_z^2 = \frac{1}{N}\sum_{i=1}^{N}(z_i - \overline{z})^2$$

$$
\begin{aligned}
&= \frac{1}{N}\sum_{i=1}^{N}(ax_i + b - a\overline{x} - b)^2 \\
&= a^2 \cdot \frac{1}{N}\sum_{i=1}^{N}(x_i - \overline{x})^2 \\
&= a^2 S_x^2
\end{aligned}
$$

を得る． □

このことは，値のスケール（例えば単位など）を変えると期待値や分散の値にずれが生まれることを意味している．

5.1.5 標準得点と偏差値得点

学生に対し 100 点満点の学力テストを実施したとしよう．ある学生がこのテストで 80 点をとったとき，その「80 点」という数字にどのような意味があるだろうか．

例えば，平均が 90 点ぐらいのテストであったとすると，その学生は全体からみるとあまり良い成績とはいえないであろう．また平均が 30 点ぐらいであったときは，前とは逆に非常に良い成績といってもよいのではないだろうか．つまり，平均の値によってその価値は大きく変わりうる．

また平均が 50 点のテストであったとしよう．大多数が 50 点周辺で，1 人だけ 80 点の成績を出していれば頭一つ抜け出した状況にあり，相対評価を受ける場合（例えば入学試験のたぐいがそれである）には「80 点」の価値は大きなものとなる．0 点から 100 点までまんべんなく，均等に分布している（つまりは 80 点以上の成績もそれなりに現れている）ときに比べれば，「80 点」の価値は大きなものといえるであろう．つまり，点数のばらつきによってもその価値は大きく変わりうる．

以上の考察でわかるように，一概にテストの点数が与えられても，全体での状況次第によってその価値は大きく変動しうるものである．従って，異なったテストを使って成績を比較をするためには，何らかの形で尺度を揃える必要がある．ここでは，上でみたように平均・分散を規格化した点数を導入しよう．定理 5.2 において，$a = \frac{1}{S_x}$, $b = -\frac{\overline{x}}{S_x}$ とすると

$$\overline{z} = \frac{\overline{x}}{S_x} - \frac{\overline{x}}{S_x} = 0,$$
$$S_z^2 = \frac{S_x^2}{S_x^2} = 1$$

となる．この z のことをデータ x の**標準化**あるいは**標準得点**という．

我々がよく知る「偏差値」はこの流れから導入された数値である．通常，標準得点は -3 から 3 の範囲の値であり（この範囲外の値は滅多に現れない），いささか小さいものとなる．ここでは標準得点と同様の扱いができ，なおかつ差異を比べやすいよう修正したものを考えよう．データ x に対する標準得点 z をさらに

$$T_i = 10z_i + 50 = \frac{10}{S_x} x_i + \left(50 - \frac{10}{S_x} \overline{x}\right)$$

と変換する．このとき，再度定理 5.2 を用いれば

$$\overline{T} = 50, \quad S_T = 10$$

となることがわかる．こうして得られた T を**偏差値得点**もしくは単に**偏差値**と呼ぶ．データの分布が概ね正規分布で近似できると仮定すれば

- 偏差値 80 以上 ≒ 上位 0.1%
- 偏差値 70 以上 ≒ 上位 2.2%
- 偏差値 60 以上 ≒ 上位 15.8%

ということになる．ただし母集団の分布が正規分布と異なれば，その分ずれが発生する．なお，これらの値がなぜ得られたかの説明は 6.4 節で行うのでしばらく待ってほしい．

5.1.6 度数分布表からの近似

一般に，統計データを受け渡すとき，データそのままではなくある程度集計した度数分布表の形で与えられることが多い（いわゆる非可逆圧縮を施した形である）．実際，国勢調査等のデータは内閣府統計局のページ

http://www.stat.go.jp/

で閲覧できるが，度数分布表もしくはそれに準ずる形になっている（Excel 形式のファイルもある）．また各省庁や地方自治体でも，関係する統計データが閲覧できるようになっていることが多くなっているので，各自参照してみてほしい．

さて度数分布表が与えられたとき，これまで考えてきた代表値・散らばりの尺度といった指標がどれぐらいの値になるか考えてみよう．以前述べたように，度数分布表にまとめるということは，精度を意図的に落としてまとめたことに他ならない．従って，指標を正確に計算することは不可能である．ここでは正確さはあきらめることにして，指標の近似値を求めることを考える．以下，次のような度数分布表が与えられているとして，数値の近似値を求めよう．

階級	階級値	度数	相対度数	累積度数	累積相対度数
a_1〜a_2	m_1	f_1	f_1/N	f_1	f_1/N
a_2〜a_3	m_2	f_2	f_2/N	f_1+f_2	$(f_1+f_2)/N$
a_3〜a_4	m_3	f_3	f_3/N	$f_1+f_2+f_3$	$(f_1+f_2+f_3)/N$
$\vdots$	$\vdots$	$\vdots$	$\vdots$	$\vdots$	$\vdots$
a_{k-1}〜a_k	m_{k-1}	f_{k-1}	f_{k-1}/N	$f_1+\cdots+f_{k-1}$	$(f_1+\cdots+f_{k-1})/N$
a_k〜a_{k+1}	m_k	f_k	f_k/N	$f_1+\cdots+f_k$	$(f_1+\cdots+f_k)/N$
合計		N	1		

(1) **平均・分散・標準偏差**

ある階級に属するデータは，全て階級値と等しいものとみなして計算する．つまり

$$\overline{x}=\frac{m_1f_1+m_2f_2+m_3f_3+\cdots+m_kf_k}{N},$$

$$S_x^2=\frac{(m_1-\overline{x})^2f_1+(m_2-\overline{x})^2f_2+(m_3-\overline{x})^2f_3+\cdots+(m_k-\overline{x})^2f_k}{N}$$

$$=\frac{m_1^2f_1+m_2^2f_2+m_3^2f_3+\cdots+m_k^2f_k}{N}-\overline{x}^2$$

として近似値を求める．

(2) **中央値・分位点**

各階級に属しているデータは，階級の中で一様に分布している（等間隔で並んでいる）と仮定して計算する．つまり以下のようにして近似値を求める：

(a) 求めるデータの番号を割り出す

$100p\%$ 分位点であれば，$m=p(N-1)+1$ 番目のデータに相当する．

(b)　累積相対度数が p を初めて超える（累積度数が m を初めて超える）階級を探す

(c)　(b) で見つかった階級を比例等分する（最初・最後のデータが階級の端になるように）

(d)　(a), (c) の結果を元にしてデータの値を求め，分位点を求める

例題 5.1　以下はあるクラスの学生に対し 100 点満点のテストを実施し，その結果を度数分布表としてまとめたものである．以下の問いに答えよ．なお，階級「40〜49」は「40 点以上 49 点以下」を表しており，他も同様である．

階級	階級値	度数	相対度数 [%]	累積度数	累積相対度数 [%]
〜 39		16			
40 〜 49		11	(イ)		
50 〜 59		24			
60 〜 69	(ア)	35			
70 〜 79		16		(ウ)	
80 〜 89		10			(エ)
90 〜 100		17			
合計		129			

(1)　上記の度数分布表のうち，空欄 (ア)〜(エ) に入る数字を答えよ．ただし，整数であるべき数値は整数で答え，そうでない数値は有効数字 3 桁で答えるものとする．

(2)　平均，第 1 四分位点 Q_1，メディアン Q_2，第 3 四分位点 Q_3，分散を度数分布表から求め，有効数字 3 桁で答えよ．

(3)　ある学生の得点は 89 点であった．この学生の得点を偏差値得点に変換し，有効数字 3 桁で答えよ．

【解答】　(1)　(ア) 64.5　(イ) 8.53%　(ウ) 102　(エ) 86.8%

(2)　以下の通り：

- 平均：

$$\frac{19.5 \times 16 + \cdots + 95 \times 17}{129} = 62.1627\cdots \fallingdotseq 62.2$$

- 第1四分位点：

$$50 + 9 \times \frac{33 - 28}{23} = 51.9565 \cdots \fallingdotseq 52.0$$

(33番目が第1四分位点である．28番目が50点，51番目が59点とし，その間は等間隔に並んでいるとして計算する)

- メディアン：

$$60 + 9 \times \frac{65 - 52}{34} = 63.4411 \cdots \fallingdotseq 63.4$$

- 第3四分位点：

$$70 + 9 \times \frac{97 - 87}{15} = 76.0$$

- 分散：

$$\frac{16(19.5 - 62.1627\cdots)^2 + \cdots + 17(95 - 62.1627\cdots)^2}{129}$$

$$= 464.415 \cdots \fallingdotseq 464$$

(3) 計算すると，

$$10 \times \frac{89 - 62.1627\cdots}{\sqrt{464.415\cdots}} + 50 = 62.4532 \cdots \fallingdotseq 62.5$$

である． □

問題 5.5 以下の度数分布表はある地区における人口調査の結果である．

階級	階級値	度数	相対度数 [%]	累積度数	累積相対度数 [%]
～ 9		13,989			
10 ～ 19		13,485			
20 ～ 29	(ア)	19,885			
30 ～ 39		25,916			
40 ～ 49		20,665	(イ)		
50 ～ 59		19,582			
60 ～ 69		21,292		(ウ)	
70 ～ 79		13,217			
80 ～ 89		5,006			(エ)
90 ～ 99		922			
100 ～	105	37			
合計		153,996			

このとき次の問いに答えよ．

(1)　上記の度数分布表のうち，(ア)～(エ) に入る数字を答えよ．ただし整数であるべき数値は整数で答え，そうでない数値は有効数字 3 桁で答えるものとする．

　なお，階級「30～39」は「30 歳以上 39 歳以下」を表すものとし，他も同様である．

(2)　次の数値を度数分布表から求めよ．ただし数値は有効数字 3 桁で答えるものとする．

　(a)　平均，中央値，第 1 四分位点，第 3 四分位点

　(b)　四分位偏差，分散，標準偏差

5.2　2次元のデータ

データが複数あったとき，それらの間には何らかの関係（**相関**）が認められることも多い．例えば

(1)　学生の身長と体重

(2)　学生の中間試験の成績と期末試験の成績

(3)　ばねにおもりをつけたとき，その重量とばねの伸びの測定値

の間には何らかの関係があることが予想される．前節において，データの集計方法と数値の意味について学んだが，この節では，それに加えてデータとデータの間の関係について，具体的には「ある一方のデータが大きいとき，もう一方にはどのような傾向にあるだろうか？」ということをデータから考察することにしよう．

学生の身長と体重の関係を考えるとき，それらを単独で集計すればその関係について考察することはできない．関係について考察するためには，ある学生の身長と体重を対にして考える必要がある．本節では，それに基づいて，データが対になった

$$(x_1, y_1),\ (x_2, y_2),\ \ldots,\ (x_N, y_N)$$

という形で与えられているものとする．

5.2.1 因果と相関

本節では，データの間の関係，つまり相関に関して考察する．混乱しやすいので，データの間の関係について整理しておこう．

例えばおもりを変えながら，そのおもりをつけたときのばねの伸びを測るという実験（フックの法則の検証）を行うことを考えよう．このときおもりの重さを与えると，それを原因としてばねの伸びが決まるという関係にあるのは明白であろう．このように，データ x を与えたとき，それを原因としてデータ y の値が決まる場合，x, y は**因果関係**にあるという．このとき，x のことを**独立変数**といい，y のことを**従属変数**という．

無論，因果関係にあれば，それに応じた相関がデータの上に現れる．一方，相関が認められるからといって，その間に因果関係があることは結論できない．実際，データ x, y に対して，調査の対象になっていない隠れたデータ z があって，x, y がともに z の従属変数であり

$$x = az + b,$$
$$y = cz + d$$

の関係にあるとする．このとき x, y の間の因果関係の有無にかかわらず

$$y = \frac{c}{a}(x - b) + d$$

という相関が現れるのである．従って，相関が認められるからといって即座に因果関係を結論することはできない．

5.2.2 散布図

まず相関を目に見えるように，データを図で表すことを考えよう．データ

$$(x_1, y_1),\ (x_2, y_2),\ \ldots,\ (x_N, y_N)$$

に対して，それぞれを xy 平面にプロットしてできた，N 個の点がなす図形のことを**散布図**という．以下は散布図の例である．

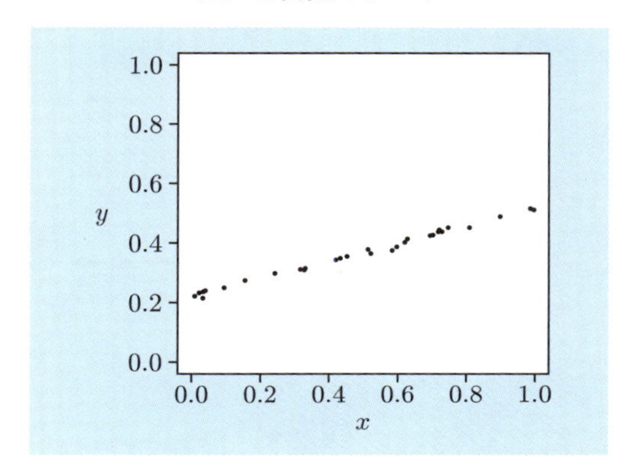

この図からは，概ね一次関数の関係にあり，その傾きは正であるという相関が見てとれる．このように大体の傾向をつかもうとしたとき，散布図は非常に便利なツールである．ただしデータが多くなってくると，同じ位置に点がいくつも重なってしまうことがあり，集中している度合いが目に見えにくくなるのが難点である．

5.2.3　共分散と相関係数

データ

$$(x_1, y_1),\ (x_2, y_2),\ \ldots,\ (x_N, y_N)$$

について，その相関を数値化することを考えよう．

定義 5.1　第 1 成分・第 2 成分の平均からの差をとり，その積の算術平均

$$C_{xy} = \frac{1}{N}\sum_{i=1}^{N}(x_i - \overline{x})(y_i - \overline{y})$$

をデータ $(x_1, y_1), (x_2, y_2), \ldots, (x_N, y_N)$ の**共分散**という．ただし $\overline{x}, \overline{y}$ はそれぞれ $x_1, \ldots, x_N$ および $y_1, \ldots, y_N$ の算術平均である．

正確さには欠けるが，共分散の大雑把な意味を述べておこう．散布図を作成したとき，斜線部，つまり点 $(\overline{x}, \overline{y})$ から見て右上，左下の部分に点が偏在する場合に C_{xy} は大きい値となる．

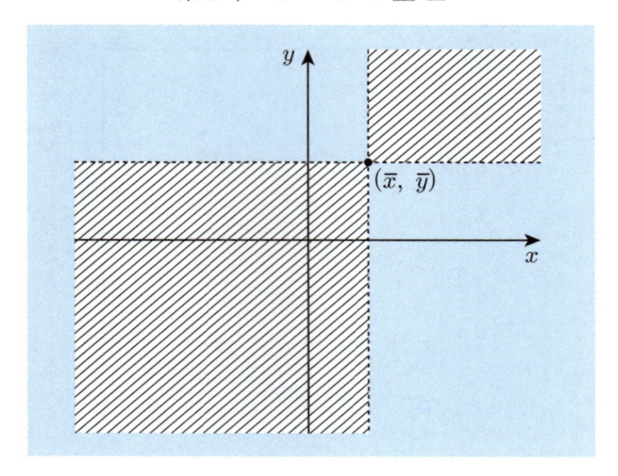

また斜線が引かれていない部分，つまり点 $(\overline{x}, \overline{y})$ から見て右下，左上に点が偏在する場合に C_{xy} は小さな値となる．このように考えると，C_{xy} が大きいとき，データの大まかな傾向として右上がりの傾向があるのではないかと考えられる．また，C_{xy} が小さいときには，データの大まかな傾向として右下がりの傾向があるのではないかと考えられるのである．

例題 5.2 ある電気抵抗に対し，電圧 X [V] をかけたときに流れる電流 Y [mA] を，電圧を幾通りか変えながら記録したところ，下の表の結果を得た．

X	10.0	20.0	30.0	40.0	50.0	60.0	70.0	80.0	90.0	100
Y	7.59	11.7	21.4	28.5	28.9	41.5	48.9	50.1	55.4	66.1

このとき以下の問いに答えよ．ただし全ての数値は有効数字 3 桁で答えること．

(1) データ X, Y について，それぞれの平均 $\overline{X}, \overline{Y}$ を求めよ．

(2) データ X, Y の共分散 C_{XY} を求めよ．

【解答】 (1) X の平均 $\overline{X}$ は

$$\overline{X} = \frac{10.0 + \cdots + 100}{10} = 55.0$$

である．また Y の平均 $\overline{Y}$ は

$$\overline{Y} = \frac{7.59 + \cdots + 66.1}{10} = 36.009 \fallingdotseq 36.0$$

である．

(2)　共分散の定義（定義 5.1）から

$$C_{XY} = \frac{(10.0 - 55.0)(7.59 - 36.009) + \cdots}{10} = 524.895 \fallingdotseq 525$$

である．　□

問題 5.6　ある電気抵抗に対し，電圧 X [V] をかけたときに流れる電流 Y [A] を，電圧を幾通りか変えながら記録したところ，下の表の結果を得た．このとき以下の問いに答えよ．ただし全ての数値は有効数字 3 桁で答えること．

X	15.0	20.0	25.0	30.0	35.0	40.0	45.0	50.0	55.0	60.0
Y	0.725	0.724	1.50	0.953	1.36	1.85	2.43	2.26	2.83	2.48

(1)　データ X, Y について，それぞれの平均 $\overline{X}, \overline{Y}$ を求めよ．

(2)　データ X, Y の共分散 C_{XY} を求めよ．

共分散という新たな量を導入したが，加減乗除の計算量が多くなっている．前節では分散の計算を簡略化する方法を示したが，共分散についても同様のことが成り立つ．

定理 5.3　共分散は次のように表される：

$$C_{xy} = \frac{1}{N}\sum_{i=1}^{N} x_i y_i - \overline{x}\,\overline{y}$$

【証明】　共分散の定義によれば以下を得る．

$$\begin{aligned}
C_{xy} &= \frac{1}{N}\sum_{i=1}^{N}(x_i - \overline{x})(y_i - \overline{y}) \\
&= \frac{1}{N}\sum_{i=1}^{N}(x_i y_i - x_i\overline{y} - \overline{x} y_j + \overline{x}\,\overline{y}) \\
&= \frac{1}{N}\sum_{i=1}^{N} x_i y_i - \overline{y}\cdot\frac{1}{N}\sum_{i=1}^{N} x_i - \overline{x}\cdot\frac{1}{N}\sum_{i=1}^{N} y_j + \overline{x}\,\overline{y}\cdot\frac{1}{N}\sum_{i=1}^{N} 1 \\
&= \frac{1}{N}\sum_{i=1}^{N} x_i y_i - \overline{x}\,\overline{y}
\end{aligned}$$

□

データを表すとき，単位などの尺度は何通りも考えられる．データの尺度をどのようにとるかによって値の大きさが変わるが，これに伴い共分散の値が変化してしまうことには注意が必要である．

定理 5.4 a, b, c, d を定数とする．データ

$$(x_1, y_1),\ (x_2, y_2),\ \ldots,\ (x_N, y_N)$$

に対し

$$u_i = ax_i + b,$$
$$v_i = cy_i + d$$

により新しいデータ

$$(u_1, v_1),\ (u_2, v_2),\ \ldots,\ (u_N, v_N)$$

を作るとき，共分散は

$$C_{uv} = acC_{xy}$$

となる．

【証明】 まず 5.1.4 項の定理 5.2 を用いれば，

$$\overline{u} = a\overline{x} + b,$$
$$\overline{v} = c\overline{y} + d$$

を得る．従って共分散の定義に従えば

$$\begin{aligned} C_{uv} &= \frac{1}{N}\sum_{i=1}^{N}(u_i - \overline{u})(v_i - \overline{v}) \\ &= \frac{1}{N}\sum_{i=1}^{N}(ax_i + b - a\overline{x} - b)(cy_i + d - c\overline{y} - d) \\ &= ac\frac{1}{N}\sum_{i=1}^{N}(x_i - \overline{x})(y_i - \overline{y}) \\ &= acC_{xy} \end{aligned}$$

を得る． □

x, y の数値のスケールの違い，例えば単位の違いがそのまま C_{xy} にも反映されることが定理 5.4 からわかる．従って，異なるデータ間において相関の強弱を比べるとき，共分散をその指標として用いることは適切とはいえない．そこで正規化したものを考えよう．

定義 5.2 $S_x, S_y > 0$ なるデータ x, y に対して

$$r_{xy} = \frac{C_{xy}}{S_x S_y}$$

を**相関係数**という．なおこの相関係数は無名数，つまり単位を持たない量である．

例題 5.3 例題 5.2 のデータ X, Y について，その相関係数 r_{XY} を有効数字 3 桁で答えよ．

【解答】 データ X, Y について，それらの分散 S_X^2, S_Y^2 は

$$S_X^2 = \frac{(10-55)^2 + (100-55)^2}{10} = 825,$$

$$S_Y^2 = \frac{(7.59-36.009)^2 + (66.1-36.009)^2}{10}$$
$$= 339.527\cdots \fallingdotseq 340$$

であるから，相関係数 r_{XY} は

$$r_{XY} = \frac{C_{XY}}{\sqrt{S_X^2}\sqrt{S_Y^2}}$$
$$= 0.991762\cdots \fallingdotseq 0.992$$

である． □

問題 5.7 問題 5.6 のデータ X, Y について，その相関係数 r_{XY} を有効数字 3 桁で答えよ．

定理 5.4 が示す通り，共分散は数値のスケールによって値は大きく左右されるのであったが，相関係数は全く左右されない量となっている．次に挙げる 2 つの事実に注意しよう．

定理 5.5 $S_x, S_y > 0$ を満たすデータ x, y に対して，$-1 \leq r_{xy} \leq 1$ である．

【証明】 シュワルツの不等式

$$\left|\sum a_i b_i\right| \leq \left(\sum a_i^2\right)^{1/2} \left(\sum b_i^2\right)^{1/2}$$

を用いよう．これによれば

$$\begin{aligned} |C_{xy}| &= \left|\frac{1}{N}\sum_{i=1}^{N}(x_i - \overline{x})(y_i - \overline{y})\right| \\ &\leq \left(\frac{1}{N}\sum_{i=1}^{N}(x_i - \overline{x})^2\right)^{1/2} \left(\frac{1}{N}\sum_{i=1}^{N}(y_i - \overline{x})^2\right)^{1/2} = S_x S_y \end{aligned} \tag{5.3}$$

であることがわかる．ここで両辺を $S_x S_y$ で割れば，相関係数の定義から $|r_{xy}| \leq 1$ を得る． □

定理 5.6 a, b, c, d を定数とする．データ

$$(x_1, y_1),\ (x_2, y_2),\ \ldots,\ (x_N, y_N)$$

に対し

$$u_i = ax_i + b, \quad v_i = cy_i + d$$

により新しいデータ $(u_1, v_1), (u_2, v_2), \ldots, (u_N, v_N)$ を作ることを考える．もし $S_x, S_y > 0$ であり，かつ $a, c > 0$ ならば，相関係数は

$$r_{uv} = r_{xy}$$

を満たす．つまり，定数倍・定数によるずらしを行っても相関係数は変わらない．

【証明】 定理 5.2 と $a, c > 0$ の条件によって

$$S_u = aS_x, \quad S_v = cS_y$$

であったから，定理 5.4 と組み合わせると

$$r_{uv} = \frac{C_{uv}}{S_u S_v} = \frac{acC_{xy}}{acS_x S_y} = r_{xy}$$

を得る． □

注意 5.8　特に

$$a = \frac{1}{S_x}, \quad b = -\frac{\overline{x}}{S_x}, \quad c = \frac{1}{S_y}, \quad d = -\frac{\overline{y}}{S_y}$$

とすれば，u, v はそれぞれ x, y の標準化（5.1.5 項参照）になる．このとき

$$S_u = S_v = 1$$

だから

$$r_{xy} = r_{uv} = C_{uv}$$

となる．つまり相関係数とは，標準化したものの共分散に他ならない．

相関係数が極端な場合，つまり $r_{xy} = \pm 1$ である場合について，どのようになるか考えておこう．なお相関係数の詳細な意味については，後の 5.2.4 項，5.2.5 項で与える．

定理 5.7　データ x, y が $S_x, S_y > 0$ および $r_{xy} = \pm 1$ を満たすとき

$$y_i = ax_i + b, \quad 1 \leq i \leq N$$

となる a, b が存在する．つまり，y は x の一次関数の形で表すことができる．

【証明】　相関係数の定義から，$S_x, S_y > 0$ の条件の下，$r_{xy} = \pm 1$ であることと

$$|C_{xy}| = S_x S_y$$

が成り立つことは同値．つまり定理 5.5 の証明での計算において，(5.3) の不等号が等号で成立することと同値である．シュワルツの不等式における等号成立条件

$$\left|\sum a_i b_i\right| = \left(\sum a_i^2\right)^{1/2} \left(\sum b_i^2\right)^{1/2}$$

$$\iff \text{ある } k \text{ が存在して，} \quad a_i = kb_i \quad (1 \leq i \leq N)$$

$$\text{または} \qquad b_i = 0 \quad (1 \leq i \leq N)$$

に注意する．つまり，左辺をベクトルの内積，右辺をベクトルの長さだと思ったときに，等号成立の必要十分条件は片方のベクトルがもう片方のスカラー倍（定数倍）になっていることである．従って，今の仮定の下では

$$x_i - \overline{x} = 0, \quad 1 \leq i \leq N \tag{5.4}$$

もしくは

$$y_i - \overline{y} = k(x_i - \overline{x}), \quad 1 \leq i \leq N \tag{5.5}$$

となる $k \in \mathbb{R}$ が存在することになる．ところが，(5.4) が成り立つとすれば，$S_x = 0$ となるから $S_x > 0$ の仮定に反する．よって (5.5) が成り立つことがわかり，これを解いて

$$y_i = kx_i - k\overline{x} + \overline{y}$$

が得られる．従って結論が示された． □

5.2.4 最小二乗法

2つのデータ

$$(x_1, y_1),\ (x_2, y_2),\ \ldots,\ (x_N, y_N)$$

について，$|r_{xy}| = 1$ のときは

$$y_i = ax_i + b$$

という関係にあったから，例題 5.3 のように $|r_{xy}| \fallingdotseq 1$ のとき，多少ずれはあるにしても，概ね

$$y_i \fallingdotseq ax_i + b \tag{5.6}$$

という関係にあるのではないかと類推される．このような a, b をどのように決めればよいだろうか．

1つの方法が，散布図を方眼紙を使って作成し，概ね通るであろう直線をフリーハンドで引いて，方眼紙の目から傾き a および切片 b を読み取るという方法である．人間の目は非常に優秀にできていて，この方法でもそれなりの値を求めることができる一方，腕の優劣によって a, b の良し悪しが変わってくるという側面もある．ここでは誤差という観点に立って，機械的に傾き a および切片 b を求める方法を紹介しよう．

予想式 (5.6) における係数 a, b としては，x_i から予想される値

$$\widehat{y_i} = ax_i + b$$

と，実際の値 y_i の差（予想と現実の誤差）が最も小さくなるようなものが最適ではないかと考えられる．ただし，特定の $1 \leq i \leq N$ だけではなく，全体を見渡して a, b を決める必要があり，そのため誤差の二乗の総和

$$L \equiv L(a,b) = \sum_{i=1}^{N} \{y_i - (ax_i + b)\}^2$$

を最小にする a, b を求めよう．このようにして係数 a, b を決定する方法のことを**最小二乗法**という．以下，a, b をデータから求めることを考えよう．

定理 5.8 $S_x^2 > 0$ を仮定する．このとき最小二乗法による a, b の値は

$$a = \frac{C_{xy}}{S_x^2}, \quad b = \overline{y} - a\overline{x}$$

で与えられる．

注意 5.9 データが $x_1 = \cdots = x_N$ を満たしているとき，$x = x_1$ という直線に全てのデータが乗っており，$y = ax + b$ の形で近似することに意味がない．仮定 $S_x^2 > 0$ はこのような状況を排除するための条件ともいえる．

【証明】 $L(a,b)$ を a, b の関数とみて，この最小値を与える a, b を求めよう．ここでは参考文献[3] p.145 の方法に従って計算する．

まず停留点を求めよう．偏微分 $\dfrac{\partial L}{\partial a}$ および $\dfrac{\partial L}{\partial b}$ を計算すると，それぞれ

$$\frac{\partial L}{\partial a} = \sum_{i=1}^{N} 2\{y_i - (ax_i + b)\} \cdot (-x_i) \tag{5.7}$$

$$\frac{\partial L}{\partial b} = \sum_{i=1}^{N} 2\{y_i - (ax_i + b)\} \cdot (-1) \tag{5.8}$$

となる．まず (5.7) を変形すると

$$\begin{aligned}\frac{\partial L}{\partial a} &= -2N \cdot \frac{1}{N} \sum_{i=1}^{N} \{y_i - (ax_i + b)\} x_i \\ &= -2N \cdot \frac{1}{N} \left(\sum_{i=1}^{N} x_i y_i - a \sum_{i=1}^{N} x_i^2 - b \sum_{i=1}^{N} x_i \right) \\ &= -2N \left(\overline{xy} - a\overline{x^2} - b\overline{x} \right)\end{aligned}$$

を得る．ただし，$\overline{x^2}, \overline{xy}$ はそれぞれ $x_i^2, x_i y_i$ の算術平均

$$\overline{x^2} = \frac{1}{N}\sum_{i=1}^{N} x_i^2, \quad \overline{xy} = \frac{1}{N}\sum_{i=1}^{N} x_i y_i$$

であるとする．同様に，(5.8) を変形すると

$$\begin{aligned}\frac{\partial L}{\partial b} &= -2N \cdot \frac{1}{N}\sum_{i=1}^{N}\left\{y_i - (ax_i + b)\right\} \\ &= -2N \cdot \frac{1}{N}\left(\sum_{i=1}^{N} y_i - a\sum_{i=1}^{N} x_i - b\sum_{i=1}^{N} 1\right) \\ &= -2N\left(\overline{y} - a\overline{x} + b\right)\end{aligned}$$

を得る．従って，

$$\frac{\partial L}{\partial a} = \frac{\partial L}{\partial b} = 0$$

を満たす $(a, b) = (a_0, b_0)$ は

$$a\overline{x} + b = \overline{y} \tag{5.9}$$

$$a\overline{x^2} + b\overline{x} = \overline{xy} \tag{5.10}$$

の解であることがわかる（この方程式を**正規方程式**と呼ぶ）．これを解くと $b = \overline{y} - a\overline{x}$ であり

$$a = \frac{\overline{xy} - \overline{x}\,\overline{y}}{\overline{x^2} - (\overline{x})^2}$$

を得る．ここで，定理 5.2 および定理 5.3 により

$$\begin{aligned}S_x^2 &= \overline{x^2} - (\overline{x})^2, \\ C_{xy} &= \overline{xy} - \overline{x}\,\overline{y}\end{aligned}$$

であったから，

$$a = \frac{C_{xy}}{S_x^2}$$

が得られた．

停留点が求まったので，この点で L が最小値をとることを確認しよう．まずは，この点で L は極小値をとることを確認する．二階の偏微分の値を計算すると

$$\frac{\partial^2 L}{\partial a^2} = 2\sum_{i=1}^{N} x_i^2 = 2N\overline{x^2},$$

$$\frac{\partial^2 L}{\partial a \partial b} = 2\sum_{i=1}^{N} x_i = 2N\overline{x},$$

$$\frac{\partial^2 L}{\partial b \partial a} = 2\sum_{i=1}^{N} x_i = 2N\overline{x},$$

$$\frac{\partial^2 L}{\partial b^2} = 2N$$

である．従って

$$\left(\frac{\partial^2 L}{\partial a \partial b}\right)^2 - \frac{\partial^2 L}{\partial a^2}\frac{\partial^2 L}{\partial b^2} = -4N^2\left(\overline{x^2} - (\overline{x})^2\right) = -4NS_x^2 < 0$$

であり

$$\frac{\partial^2 L}{\partial a^2} = 2N\overline{x^2} \geq 2NS_x^2 > 0$$

であるから，参考文献 [3] 定理 4.11 により L は上で求めた点において L は極小値をとることがわかる．さらに，a, b について $|(a,b)| \to \infty$ の極限をとると

$$\lim_{|(a,b)| \to \infty} L(a,b) = \infty$$

であるから，上で求めた点において L は最小値をとることがわかった．　□

最小二乗法による解 a, b に対して，直線

$$y = ax + b$$

のことを y の x 上への**回帰方程式**もしくは**回帰直線**といい，a のことを**偏回帰係数**と呼ぶ．$S_x, S_y > 0$ であるとき，偏回帰係数 a は相関係数を使って

$$a = r_{xy}\frac{S_y}{S_x}$$

と表すことができ，回帰方程式は

$$y - \overline{y} = r_{xy}\frac{S_y}{S_x}(x - \overline{x}) \tag{5.11}$$

と表すことができる．

注意 5.10　(5.11) からわかることとして，y の x 上への回帰方程式と，x の y 上への回帰方程式は $r_{xy} = \pm 1$ でない限り一致しない．因果関係が明白な場合は，独立変数の上の回帰方程式とするのが一般的である．

例題 5.4 5.2.3 項の例題 5.2 のデータ X, Y について，Y の X 上への回帰方程式を求めよ．ただし偏回帰係数・切片は有効数字 3 桁で答えるものとする．

【解答】 定理 5.8 の式に 例題 5.2，例題 5.3 で求めた値を代入して計算すると，偏回帰係数 a および切片 b は

$$\begin{aligned} a &= \frac{C_{XY}}{S_X^2} = \frac{524.895}{825} \\ &= 0.636236\cdots \fallingdotseq 0.636, \\ b &= \overline{Y} - a\overline{X} = 36.009 - 0.636236\cdots \times 55 \\ &= 1.016 \fallingdotseq 1.02 \end{aligned}$$

であることがわかる．従って回帰方程式は

$$Y = 0.636X + 1.02$$

である． □

問題 5.8 問題 5.6 のデータ X, Y について，Y の X 上への回帰方程式を求めよ．ただし偏回帰係数・切片は有効数字 3 桁で答えるものとする．

5.2.5 最小二乗法における誤差と相関係数

最小二乗法により回帰方程式 $y = ax + b$ を求めたが，その際の誤差はどれぐらいか考えよう．これにより前節で扱った相関係数 r_{xy} の意味が明確になる．

定理 5.9 $S_x, S_y > 0$ を仮定する．最小二乗法によって定めた a, b の値について，誤差 $L(a, b)$ の値は相関係数 r_{xy} を用い

$$L(a, b) = N(1 - r_{xy}^2)S_y^2$$

と表される．

【証明】 予想される値 $\widehat{y_i}$ は

$$\widehat{y_i} = a(x_i - \overline{x}) + \overline{y}, \quad 1 \leq i \leq N$$

と表されることに注意すると，

$$L(a, b) = \sum_{i=1}^{N} \{y_i - a(x_i - \overline{x}) - \overline{y}\}^2$$

$$
\begin{aligned}
&= \sum_{i=1}^{N} \left\{ (y_i - \overline{y}) - a(x_i - \overline{x}) \right\}^2 \\
&= \sum_{i=1}^{N} \left\{ (y_i - \overline{y})^2 - 2a(x_i - \overline{x})(y_i - \overline{y}) + a^2(x_i - \overline{x})^2 \right\} \\
&= N(S_y^2 - 2aC_{xy} + a^2 S_x^2)
\end{aligned}
$$

となる．ここで

$$
a = r_{xy}\frac{S_y}{S_x}
$$

だったから

$$
\begin{aligned}
L(a,b) &= N\left(S_y^2 - 2r_{xy}\frac{S_y}{S_x}C_{xy} + r_{xy}^2\frac{S_y^2}{S_x^2}S_x^2 \right) \\
&= N(1 - r_{xy}^2)S_y^2
\end{aligned}
$$

を得る．□

つまり，最小二乗法の誤差は相関係数を用いて表され，r_{xy} が ± 1 に近ければ近いほどその誤差は小さくなっていることがわかる．ここで現れる r_{xy}^2 のことを**決定係数**と呼び，直線で近似したときのあてはまりのよさを表すパラメータとして用いる．特に $r_{xy} = \pm 1$ である場合，全く誤差がなく直線へあてはめることができる．つまりデータ間に

$$
y - \overline{y} = \pm \frac{S_y}{S_x}(x - \overline{x})
$$

の関係があることを意味する（複号同順）．つまり定理 5.7 に相当することがらが，最小二乗法からも導かれる．

例題 5.5　例題 5.4 における決定係数を有効数字 3 桁で求めよ．

【解答】　例題 5.3 で計算した相関係数 r_{XY} の値を使うと

$$
r_{XY}^2 = (0.991762\cdots)^2 = 0.983593\cdots \fallingdotseq 0.984
$$

である．パーセント表記すると 98.4% である．□

問題 5.9　問題 5.7 における決定係数はいくつか．有効数字 3 桁で求めよ．

5.2.6 曲線の当てはめ

前節において，データの間に一次関数で記述される関係を予測したとき，どのようにあてはめるのが適切か，誤差について考えることによって論じた．ここでは，一次関数ではない関係について同様の議論により考えてみよう．

ある与えられた関数 $f_1, \ldots, f_M$ があり，これら関数とその係数（定数）$u_1, \ldots, u_M$ を用い，データ間に

$$y_i \fallingdotseq \sum_{m=1}^{M} u_k f_k(x_i)$$

という関係を予想したとして，その係数 $u_1, \ldots, u_M$ を決定することを考えよう．一次関数の場合と同様，実際のデータと予測の誤差を考え，その総和

$$L(u_1, \ldots, u_M) = \sum_{k=1}^{n} \left\{ y_k - \sum_{m=1}^{M} u_m f_m(x_k) \right\}^2$$

が最も小さい係数 $u_1, \ldots, u_M$ をもっともらしいものとみなし，係数を決定する方法をやはり**最小二乗法**と呼ぶ．なお，前節で紹介した方法は

$$f_1(x) = 1, \quad f_2(x) = x$$

とした場合ということになる．さてこのとき，一次の場合と同様の極値問題を考えることによって，L を最小化する $u_1, \ldots, u_M$ は M 元一次連立方程式

$$\sum_{k=1}^{n} \left\{ y_k - \sum_{j=1}^{M} u_j f_j(x_k) \right\} f_m(x_k) = 0, \quad m = 1, \ldots, M \tag{5.12}$$

の解であることがわかる．ここで，行列 $A = (a_{j,m})$ およびベクトル $b = (b_m)$ を

$$a_{j,m} = \sum_{k=1}^{n} f_m(x_k) f_j(x_k), \quad b_m = \sum_{k=1}^{n} y_k f_m(x_k)$$

とおき，$u = (u_m)$ とするとき（ベクトルは全て縦ベクトルとする），方程式 (5.12) は

$$b - Au = 0 \tag{5.13}$$

と書き換えられる．従って掃き出し法などの線形方程式の解法に従えば，係数ベクトル u が求められる．ただし，一次で $S_x = 0$ の場合に解を求められなかっ

たのと同様の事情により，元々のデータによっては (5.13) に解がない，または無数にあることもありえる．

第5章　演習問題

演習 5.1　ある農場で収穫されたトマト 50 個の重量を計測したところ，以下の結果を得た（単位は全て g）．

31.7	31.7	32.1	32.1	32.2	32.8	33.1	33.1	33.5	33.6
33.8	33.8	33.8	34.1	34.2	34.2	34.3	34.3	34.3	34.6
34.6	34.6	34.7	34.9	35.0	35.0	35.0	35.0	35.1	35.2
35.4	35.5	35.5	35.5	35.8	35.9	36.0	36.0	36.1	36.3
36.4	36.6	36.6	36.7	36.8	36.9	37.4	37.5	37.7	38.8

このとき次の問いに答えよ．

(1)　上記のデータを，以下の度数分布表にまとめたい．空欄を埋めて，度数分布表を完成させよ．ただし，整数であるべき数値は整数で答え，そうでない数値は有効数字 3 桁で答えるものとする．

階級 [g]	階級値 [g]	度数	相対度数 [%]	累積度数	累積相対度数 [%]
31.0 ～ 32.0					
32.0 ～ 33.0					
33.0 ～ 34.0					
34.0 ～ 35.0					
35.0 ～ 36.0					
36.0 ～ 37.0					
37.0 ～ 38.0					
38.0 ～ 39.0					
合計					

なお，階級「31.0～32.0」は「31.0 g 以上 32.0 g 未満」を表すものとし，他も同様である．

(2)　次の数値をデータから求めよ．ただし，数値は有効数字 3 桁で答えるものとする．

(a)　平均，中央値，第 1 四分位点，第 3 四分位点

(b)　四分位偏差，分散，標準偏差

演習 5.2　以下の度数分布表は，平成19年度の給与所得者の給与額のデータである（国税庁調べ）[†].

階級（単位：万円）	階級値	度数	相対度数 [%]	累積度数	累積相対度数 [%]
〜 100		3,662,248			
100 〜 200		6,660,797			
200 〜 300		7,195,340			
300 〜 400		7,593,185			
400 〜 500		6,313,095			
500 〜 600		4,385,479			
600 〜 700		2,931,443			
700 〜 800		2,061,516			
800 〜 900		1,379,884			
900 〜 1,000		915,901			
1,000 〜 1,500		1,727,511			
1,500 〜 2,000		376,542			
2,000 〜 2,500		111,463			
2,500 〜	4,000	110,292			
合計					

なお，階級「100〜200」は「100万円より大きく200万円以下」を表すものとし，他も同様である．この表について以下の問いに答えよ．

(1)　度数分布表の空白となっている部分を埋め，度数分布表を完成させよ．ただし，整数であるべき数値は整数で答え，そうでない数値は有効数字3桁で答えるものとする．

(2)　以下の数値について，度数分布表から求めよ．

　(a)　平均，中央値，第1四分位点，第3四分位点

　(b)　四分位偏差，分散，標準偏差

---

† 元になっているデータは

`http://www.nta.go.jp/kohyo/tokei/kokuzeicho/minkan2007/minkan.htm`

の第3表である．

演習 5.3　並べ替えされたデータ $x_{(1)}, \ldots, x_{(n)}$ に対し，5.1.2 項の注意 5.3 にあるように四分位点 Q_1, Q_2, Q_3 を定義する．このとき次の問いに答えよ．

(1)　$n = 4k$ $(k \in \mathbb{N})$ と表されるとき，$x_{(1)}, \ldots, x_{(n)}$ により Q_1, Q_2, Q_3 を表せ．

(2)　$n = 4k+1$ $(k \in \mathbb{N})$ と表されるとき，$x_{(1)}, \ldots, x_{(n)}$ により Q_1, Q_2, Q_3 を表せ．

(3)　$n = 4k+2$ $(k \in \mathbb{N})$ と表されるとき，$x_{(1)}, \ldots, x_{(n)}$ により Q_1, Q_2, Q_3 を表せ．

(4)　$n = 4k+3$ $(k \in \mathbb{N})$ と表されるとき，$x_{(1)}, \ldots, x_{(n)}$ により Q_1, Q_2, Q_3 を表せ．

演習 5.4　温度 T [°C] の水 100 g にショ糖を溶かしたとき，その限界量 S [g] を表にしたものが以下の表である．この表について，以下の問いに答えよ．ただし，全ての数値は有効数字 3 桁で答えるものとする．

T	10.0	20.0	30.0	40.0	50.0	60.0	70.0	80.0	90.0
S	190	198	216	235	256	287	320	363	417

(1)　データ T, S について，平均，分散を求めよ．

(2)　データ T, S について，共分散および相関係数を求めよ．

(3)　最小二乗法により，S の T 上への回帰方程式を求めよ．また，決定係数も併せて求めよ．

演習 5.5　あるばねに重量を変えながらおもりをのせ，おもりの重量 X [g] とばねの長さ Y [cm] を計測したところ，下の表のような結果を得た．このとき，以下の問いに答えよ．ただし，数値は有効数字 3 桁で答えるものとする．

X	15.0	20.0	25.0	30.0	35.0	40.0	45.0	50.0	60.0	70.0	80.0
Y	34.7	35.3	35.9	34.4	34.1	41.8	39.8	40.0	41.5	42.4	45.3

(1)　データ X, Y について，平均，分散，標準偏差を求めよ．

(2)　データ X, Y について，共分散および相関係数を求めよ．

(3)　最小二乗法により，Y の X 上への回帰方程式を求めよ．また決定係数も併せて求めよ．

演習 5.6　生徒 20 名に対し 2 つのテスト A, B（各 100 点満点）を実施したところ，結果は下の表のようになった．このとき，以下の問いに答えよ．ただし，全ての数値は有効数字 3 桁で答えるものとする．

(1)　このデータについて，テスト A の成績を横軸，テスト B の成績を縦軸にとった散布図を作成せよ．

(2)　テスト A, B それぞれについて，平均，分散，標準偏差を求めよ．

(3)　テスト A, B の成績について，共分散および相関係数を求めよ．

(4)　最小二乗法により，B の A 上への回帰方程式および決定係数を求めよ．また回帰方程式の直線を (1) の散布図に重ねて書け．

番号	1	2	3	4	5	6	7	8	9	10
A	32	20	24	22	75	48	53	41	70	70
B	39	24	29	31	96	51	47	33	100	90
番号	11	12	13	14	15	16	17	18	19	20
A	41	29	83	43	7	20	37	75	0	56
B	27	10	100	30	0	12	20	97	0	52

第6章 母集団と標本

次の章から，統計的推論について，特に推定・仮説検定について学ぶことになるが，そのために必要となる設定について述べることにしよう．以下の議論は確率をもとにしており，第 1 章以降に用意した確率の諸概念が必要となる．

6.1 母集団と母集団分布

この節では，統計的推論で何が考察の対象なのか，何が知りたいのか，まず明確に述べておくことにしよう．

母集団　議論を通して情報を得たいと考える集団全体のことを**母集団**と呼ぶ．日本人の意識調査をしたいときには，母集団は「日本人全体」もしくは「日本人の意識全体」となる．この母集団について完全に調査して情報を得ることは，一般には容易なことではない．例えば

(1)　母集団が非常に多くの要素を伴う場合．

　日本人全体に対する調査で有名なものとして，四年に一度ある「国勢調査」がある．また，官公庁が持つデータに基づいて様々な統計情報も公開されている．ただし，私企業にとって全体に対する調査は，調査にかけられる手間や予算を考えれば非常に困難であるといわざるをえない．

(2)　製品の寿命・破壊強度など，データの収集に破壊検査が必要な場合．

　全体に破壊検査を行えば，出荷できる製品がなくなるから，当然このような調査は無意味である．

が挙げられる．このような場合に，母集団について考察するにはどうすればよいだろうか．

母集団分布　母集団についての情報といっても様々であるが，一つ一つのデータを扱うのではなく，母集団全体（もしくは属性値の全体）でのデータの分布，つまり「ある範囲にある要素は母集団全体の何%か？」という情報に興味がある．このようなデータの分布のことを**母集団分布**と呼ぶ．

全体への調査が困難である，もしくは不可能であるとき，一部の調査の結果から全体を見渡すことを考えよう．この目的のため，母集団から選び出されたその要素（またはその属性値）のことを**標本**と呼び，選び出す行為を**抽出**という．得られた標本の分析結果を用いて母集団分布について推測することを，**統計的推論**または**統計的推測**と呼ぶ．

ここで注意しておきたいのだが，標本が直接の調査・分析の対象ではあるが，標本の分析結果単体では「選んだデータはこのような性質を持っている」ということしか結論されない．最終的に知りたいのはあくまでも母集団分布についての情報であり，標本の分析結果はそのための通過点であると認識しておこう．

6.2 標本抽出と確率

今の設定では，一部しか調査しない，もしくは調査できないという前提で考えている．従って，何らかの形で調査・分析の対象となる標本を抽出する必要がある．ここで，もし母集団（母集団分布）との関連性を無視した抽出を行えば，分析の結果からは「抽出で得られた標本は○○という性質を持っている」という結論しか得られず，従って我々の「母集団の情報を推測する」という目的を遂げることはできない．従って，母集団（母集団分布）と標本とが関連づけられるような抽出方法でなくてはならない．

次の簡単な例を用いて，抽出について考えよう．

例 6.1 赤玉・白玉が入った袋がある．袋の中の赤玉・白玉を直接数えないで赤玉・白玉の比率を推測するにはどのようにすればよいだろうか．

6.1 節の枠組みに従って

- **母集団**：袋の中の玉全体
- **母集団分布**：赤玉・白玉の比率

としよう．ここで，全体から見た赤玉の割合を p $(0 \leq p \leq 1)$ とすると，白玉の割合は $1-p$ だから，p の値を知ることができれば母集団分布，つまり赤玉・白玉の比率を知ることができる．従って，この定数 p を推測できれば我々の目的は達成される．母集団分布，つまり p の値が何らかの形で標本の性質へ現れるように抽出を行うにはどうすればよいだろうか．

さてここで，袋の中から玉を1つ取り出して玉の色を確認し，取り出した玉を袋に戻す，という試行を何度か繰り返すことを考えよう．ここで，毎回どの玉を選び出すかは無作為（等確率）であり，また毎回の試行は独立であると仮定すれば，各回で赤玉を取り出す確率は p であり，n 回繰り返したときの赤玉の個数は二項分布 $Bin(n, p)$ に従う．よって，この試行による各回の玉の色を標本とすれば，標本の確率分布と母集団（母集団分布）との間で関連づけができていることになる．なお，この議論は実際の試行（抽出）を行う前段階で行っていること，また試行の無作為性によって成り立っていることに注意しよう．□

前の節で述べたが，我々の目標は「母集団分布についての情報を得ること」である．例 6.1 でみたように，この母集団分布は母集団を定めると決まっている「はず」のものである．従って，母集団分布について「未知ではあるが，何らかの形で存在する」という立場に立って議論を進める．

また，例 6.1 でも述べたが，母集団分布と標本の関連性を用いて推測を行うため，統計的推測の理論は標本の抽出をする前の段階で標本がどのような性質を持つか予測を立て，それに基づいて実際のデータが得られたときの判断基準を提供するという形になっている．つまり，抽出に伴うランダムさがそのまま残っている状態で議論を進めていくことは念頭に置いておこう．以下では，標本について以下の条件を仮定する：

無作為に（偏りがないように）抽出を行っており，

(1) $X_1, \ldots, X_n$ の値は母集団分布に従って出現確率が決まっている．

(2) $X_1, \ldots, X_n$ は独立である．

つまり母集団分布が与えられているとすれば，標本 $X_1, \ldots, X_n$ は全て母集団分布に従う，n 個の独立な確率変数とみなすのである．なお抽出した標本の個数 n のことを**標本の大きさ**という．

例 6.2 例 6.1 では，取り出した玉を袋に戻していた．ここでは玉を袋に戻さないとどのようになるか考えてみよう．

袋の中にある赤玉の個数を N_1 個とし，白玉の個数を N_2 個としよう．また玉の総数を N とする．n 個順を追って玉を取り出し，一度取り出された玉は袋には戻さないことにしよう．各回どの玉が取り出されるかは等確率であると仮定すると，各回で赤玉を取り出す確率は $p = \frac{N_1}{N}$ となる．ただし，1 回目で赤玉を取り出すと 1 つ赤玉が減った状態で 2 回目を行うことになり，従って両方

で赤玉を取り出す確率は

$$\frac{N_1(N_1-1)}{N(N-1)} \neq p^2$$

となって独立性は持たないことがわかる．いささか乱暴ではあるが，N, N_1, N_2 が非常に大きい場合であれば，概ね

$$\frac{N_1(N_1-1)}{N(N-1)} \fallingdotseq p^2$$

となる．従って独立であるとみなして考えられることが多い．ただし，大きさ n の標本が全て赤玉である確率を考えると

$$\frac{N_1(N_1-1)\cdots(N_1-n)}{N(N-1)\cdots(N-n)}$$

となることからわかるように，標本の大きさ n は N に比べて十分小さくなければ誤差が無視できなくなることには配慮が必要である． ■

注意 6.1 (1) 例 6.1 のように，標本として抽出された要素を再び標本抽出の対象とする抽出方法のことを**復元抽出**という．例 6.2 のように，標本として抽出された要素を以降の標本抽出の対象とはしない抽出方法のことを**非復元抽出**という．

(2) Yes/No などの 2 値しかとらないアンケートは 例 6.1，例 6.2 の赤玉・白玉と同じ枠組みで考えられる．ただし，通常のアンケートは 例 6.2 にあるような非復元抽出によることが多く，従って母集団の大きさ N と標本の大きさ n の関係を意識する必要がある．

例 6.1，例 6.2 において赤・白を 1, 0 の値に置き換えると，母集団分布はベルヌーイ分布，つまり

$$P(X_i = 1) = p, \quad P(X_i = 0) = 1 - p$$

となる．このように，事前に母集団分布が「〜分布」という形で知られており，いくつかの定数が判明すれば母集団分布が完全に決定される場合を**パラメトリック**という．この場合，求めるべきは母集団分布を決定する定数（例 6.1 の場合では比率 p のことである）であり，この定数を**母数**という．一方，分布の具体形が知られていない場合のことを**ノンパラメトリック**という．この場合，分布の具体形にはよらず定義される，モーメントなどの母数を通じて分析していくことになる．

6.3　母数と統計量・推定量

標本が得られると，そこから何らかの（母数に近い値になるであろう）量を計算し，母集団分布の母数への推測を行う．標本から得られる量のことを**統計量**と呼ぶ．統計量は標本により決まる量であるから，$X_1, \ldots, X_n$ の関数で与えられ，確率変数ということになる．このことを強調する場合，何か統計量 t があったとき，$t(X_1, \ldots, X_n)$ のように表すことにする．

標本 $X_1, \ldots, X_n$ から母数の値を推測する手続きのことを**推定**といい，母数を推定するために用いる統計量のことを特に**推定量**という．また，標本の実現値が具体的に与えられると推定量の値も定まるが，この値のことを**推定値**という．この節では，パラメトリック・ノンパラメトリックの場合に関わらず用いられる母数と，それに対応する推定量を紹介することにする．

注意 6.2　乱暴ないい方をすれば，どんな統計量であれ「推定に使う」といえば推定量ということになってしまう．従って，ある推定量が提示されたとき，その推定量の妥当性や良し悪しについて考える必要がある，ということは念頭に置いておこう．

母集団分布の平均のことを**母平均**といい，以下 μ で表すことにする．標本は母集団分布に従うのであったから，

$$\mu = E[X_k], \quad k = 1, \ldots, n$$

が成り立つ．また，母集団分布の分散のことを**母分散**といい，以下 σ^2 で表す．母平均と同様，標本は母集団分布に従うのであったから

$$\sigma^2 = V[X_k] = E\left[(X_k - E[X_k])^2\right], \quad k = 1, \ldots, n$$

が成り立つ．パラメトリックの場合，つまり母集団分布が「〜分布」という形でわかっている場合，母平均・母分散が決定されれば母集団分布が確定することが多い．例えば

- 母集団分布がベルヌーイ分布 $Bin(1, p)$ の場合，p は母平均である．
- 母集団分布がポアソン分布 $Po(\lambda)$ の場合，λ は母平均である．
- 母集団分布が正規分布 $N(m, v)$ の場合，m, v は母平均・母分散である．
- 母集団分布が正規分布 $Ex(\lambda)$ の場合，λ は母平均の逆数である．

となっており，これらの場合であれば母平均のみ，もしくは母平均・母分散の双方が判明すれば十分である．またノンパラメトリックの場合でも，これら母平均・母分散を分析の足がかりとすることが多い．

以下，母平均・母分散に対応する推定量を考えていこう．大数の法則（4.1 節）から，標本の大きさ n が十分大きければ，標本の算術平均

$$\overline{X} = \frac{1}{n}\sum_{k=1}^{n} X_k$$

は母平均に近いものと考えられる．よって，母平均に対応する推定量として算術平均を採用するのは妥当と思われる．上の標本の算術平均のことを**標本平均**と呼ぶ．大数の法則（4.1 節）の証明内で標本平均について計算しているが，そこでの結果をもう一度まとめておく．

定理 6.1 標本平均 $\overline{X}$ に対して，以下が成り立つ：

$$E[\overline{X}] = \mu,$$

$$V[\overline{X}] = \frac{\sigma^2}{n}$$

この結果は，標本平均の期待値は母平均であり，さらに標本の大きさが大きくなるにつれ，母平均からばらつかなくなっていくことを示している．ただし標本の大きさ n に対して，標本平均の分散は n^{-1} の定数倍であるから，分散を1桁小さくしたければ標本の大きさを 10 倍にとる必要があり，かなり大きな標本を用意する必要があることも示している．

次に，母分散に対応する推定量を導入しよう．まず考えられるのは，標本から計算される分散

$$S^2 = \frac{1}{n}\sum_{k=1}^{n}(X_k - \overline{X})^2$$

であろう．これを**標本分散**と呼ぶ．この標本分散を整理すると次のように書き換えられる：

定理 6.2　標本分散 S^2 に対して

$$S^2 = \frac{1}{n}\sum_{k=1}^{n}(X_k - \mu)^2 - (\overline{X} - \mu)^2$$

が成り立つ.

【証明】　定義に従って計算すると

$$\begin{aligned}
S^2 &= \frac{1}{n}\sum_{k=1}^{n}(X_k - \overline{X})^2 \\
&= \frac{1}{n}\sum_{k=1}^{n}\bigl\{(X_k - \mu) + (\mu - \overline{X})\bigr\}^2 \\
&= \frac{1}{n}\sum_{k=1}^{n}(X_k - \mu)^2 - \frac{2}{n}\sum_{k=1}^{n}(X_k - \mu)(\overline{X} - \mu) + \frac{1}{n}\sum_{k=1}^{n}(\overline{X} - \mu)^2 \\
&= \frac{1}{n}\sum_{k=1}^{n}(X_k - \mu)^2 - 2(\overline{X} - \mu)^2 + (\overline{X} - \mu)^2 \\
&= \frac{1}{n}\sum_{k=1}^{n}(X_k - \mu)^2 - (\overline{X} - \mu)^2
\end{aligned}$$

を得る.　□

標本の大きさ n が十分大きいと仮定しよう．このとき，確率変数の列

$$(X_1 - \mu)^2,\ (X_2 - \mu)^2,\ \ldots,\ (X_n - \mu)^2$$

が独立同分布であり，

$$E\bigl[(X_k - \mu)^2\bigr] = \sigma^2, \quad 1 \leq k \leq n$$

であることから大数の法則（4.1 節）が適用でき，また $\overline{X}$ に対しても大数の法則を適用すれば，S^2 は σ^2 に近いと考えられる．従って，母分散に対応する推定量として標本分散を採用するのは妥当ではないかと考えられる．ただし標本平均とは異なり，標本分散の期待値は母分散とは一致しないことに注意しよう．

定理 6.3 $n \geq 2$ とする．このとき，標本分散 S^2 に対して

$$E[S^2] = \frac{n-1}{n}\sigma^2$$

となる．

【証明】 定理 6.2 の両辺の期待値を計算すると

$$E[S^2] = V[X_1] - V[\overline{X}]$$

となることがわかる．ここで，定理 6.1 を用いると

$$E[S^2] = \sigma^2 - \frac{1}{n}\sigma^2 = \frac{n-1}{n}\sigma^2$$

となることがわかる． □

標本のサイズ n が十分大きければ標本分散の期待値は母分散とほぼ一致するが，n が小さい場合，期待値と比べて小さな値となる．これを補正した

$$\begin{aligned} s^2 &= \frac{n}{n-1}S^2 \\ &= \frac{1}{n-1}\sum_{k=1}^{n}(X_k - \overline{X})^2 \end{aligned}$$

のことを**不偏分散**といい，標本分散の代わりにこちらが用いられることが多い．なお

$$\lim_{n\to\infty}\frac{n}{n-1} = 1$$

であるから，標本の大きさ n が大きいとき，不偏分散もまた σ^2 に近いことが期待できる．

注意 6.3 母平均・母分散に対する推定量として，天下り的に標本平均・不偏分散を導入し，また期待値の n が十分大きいときに近似を与えることを妥当性の根拠としている．しかしながら，ある母数に対して

(1) どのようにして推定量を見つければよいか？

(2) 候補が 2 つ以上あったときに，どの候補を採用すればよいか？

という疑問が残る．これに関しては，参考文献[5]，[6]の推定量に関する箇所を参照されたい．

6.4 正規母集団とその性質

これから行うのは，母数に近い値になるであろう統計量（推定量）を用意し，それを元にした母数への推測である．ただし推定量は近似を与えはするが，あくまで近似値であり，本来の値からの誤差は避けることができない．統計量の確率分布のことを**標本分布**というが，統計量の母数からの誤差がどの程度であるかを把握するためには，この標本分布について知ることが肝要となる．

標本分布を計算するためには，母集団分布の概形がわかっていなくてはならない．しかも，もし母集団分布の概形がわかっていたとしても，一般に標本分布の計算は容易ではない．ただし，母集団分布が正規分布に従う場合，正規分布の特殊性から比較的容易に計算ができるので，この節ではその場合を中心に考えていくことにしよう．

6.4.1 正規母集団とその性質

母集団分布が正規分布であるような母集団のことを**正規母集団**と呼ぶ．この節では，正規分布に従う標本に基づく統計量の標本分布について考えることにしよう．

例 6.3 何らかの測定をし，測定値を求めることを考えると

- **母集団**：測定そのものは無限回行え，そのたびに値は変わりうる．母集団を出現しうる値全体としておく（母集団の要素は無限個となる）．
- **標本**：測定値 $X_1, \ldots, X_n$ と設定することができる．測定の対象となる量の真の値を μ とすると，標本は

$$X_k = \mu + e_k$$

のように，真の値 μ と測定誤差 e_k の和からなる．ただし真の値は未知であり，測定誤差はどんな値になるかわからない（ランダムな）量である．

それぞれの誤差は平均 0，分散 σ^2 の正規分布 $N(0, \sigma^2)$ に従うはず，というのが**ガウスの誤差理論**である．ここで，分散 σ^2 は測定精度の良い・悪いによって決まるパラメータである．このとき，各標本は $N(\mu, \sigma^2)$ に従う確率変数となっている． □

正規分布は第3章で導入し様々な性質を導いたが，ここでおさらいしておこう．パラメータ $\mu \in \mathbb{R}, \sigma^2 > 0$ に対し，密度関数

$$f(x) = \frac{1}{\sqrt{2\pi\sigma^2}} \exp\left(-\frac{1}{2\sigma^2}(x-\mu)^2\right)$$

で与えられる分布のことを平均 μ，分散 σ^2 の正規分布といい，$N(\mu, \sigma^2)$ で表すのであった．第3章で学んだように，確率変数 Z を $Z \sim N(\mu, \sigma^2)$ とすると

- $E[Z] = \mu, V[Z] = \sigma^2$
- Z の密度関数は $x = \mu$ について対称．従って，任意の $x \in \mathbb{R}$ に対して

$$P(Z \leq \mu - x) = P(Z \geq \mu + x)$$

  が成り立つ．特に $P(Z \leq \mu) = P(Z \geq \mu) = \frac{1}{2}$ である．

といった性質を持っていることは思い出しておこう．また同じく第3章で学んだように，スカラー倍・定数によるずらし・独立なものの和について閉じているのであった：

(1)　正規分布に従う確率変数に線形変換を施したものは再び正規分布に従う．すなわち，確率変数 $X \sim N(\mu, \sigma^2)$ および $a > 0, b \in \mathbb{R}$ に対して

$$aX + b \sim N(a\mu + b, a^2\sigma^2) \tag{6.1}$$

が成り立つ（定理 3.5）．

(2)　正規分布に従う独立な確率変数に対し，その和・差は再び正規分布に従う．すなわち，確率変数 $X \sim N(\mu_1, \sigma_1^2), Y \sim N(\mu_2, \sigma_2^2)$ は独立であり，$a, b \neq 0$ とするとき，

$$aX + bY \sim N(a\mu_1 + b\mu_2, a^2\sigma_1^2 + b^2\sigma_2^2) \tag{6.2}$$

が成り立つ（定理 3.8）．

正規分布は上で挙げた性質を始めとして，数学的には非常に扱いやすい性質を持つことが知られている．このことが統計量の標本分布を計算するときに非常に大きな役割を果たす．

数学的に取扱いが容易である一方，正規分布には取扱いをする上で厄介な点がある．正規分布密度関数の原始関数は初等関数を用いて表すことができないのである．ある統計量 Z の標本分布が正規分布 $N(\mu, \sigma^2)$ となることがわかったとしよう．このとき，Z についての確率は

$$P(a \leq Z \leq b) = \int_a^b \frac{1}{\sqrt{2\pi\sigma^2}} \exp\left(-\frac{1}{2\sigma^2}(x-\mu)^2\right) dx$$

と正規分布密度関数の定積分の形で与えられ，その統計量がどの程度ばらつきうるか数値として表す際にはこの値がどうしても必要になる．しかしながら，原始関数は初等関数を用いて表すことができないがために，ごく一部特殊な場合を除き，正確な値を求めることができないのである．

正確ではないものの，数値計算により定積分の近似値を求めることが可能なので，応用上はそれによって対応が可能である．実際，統計処理ソフトウェアには定積分の値が計算できる関数がほぼ間違いなく用意されているし，Excel などの表計算ソフトウェアにも `NORMDIST` もしくは `NORM.DIST` 関数などが用意されている．

従って，計算機の利用を前提としない場合（例えば本書），人が使いやすい形で何らかの数値の表を用意しておくことが必要である．ただし，正規分布には二種類のパラメータ μ, σ^2 があり，これらパラメータごとに数値の表を用意するのは不可能である．ただし正規分布の性質 (6.1) を使うと，特定のパラメータについて情報が得られれば，その変換の形で全ての場合についての情報を得ることができる．すなわち，$X \sim N(\mu, \sigma^2)$ となっているとき

$$Y := \frac{X - \mu}{\sigma}$$

とすれば Y は正規分布 $N(0, 1)$ に従う．ここで関係式

$$P(X \leq x) = P(Y \leq \mu + x\sigma)$$

を用いると，左辺の確率は $N(0, 1)$ の場合の確率の値がわかっていれば求まるのである．ここで，比較対象として用いた $\mu = 0, \sigma^2 = 1$ をとった正規分布 $N(0, 1)$ のことを特に**標準正規分布**ということにする．これらの密度関数・分布関数を改めて書いておくと

- **密度関数**

$$\varphi(x) = \frac{1}{\sqrt{2\pi}} \exp\left(-\frac{1}{2}x^2\right)$$

- **分布関数**

$$\Phi(x) = \int_{-\infty}^{x} \varphi(t)\,dt$$

である．なお，標準正規分布の密度関数 $\varphi(x)$ のグラフを描くと以下のようになる．

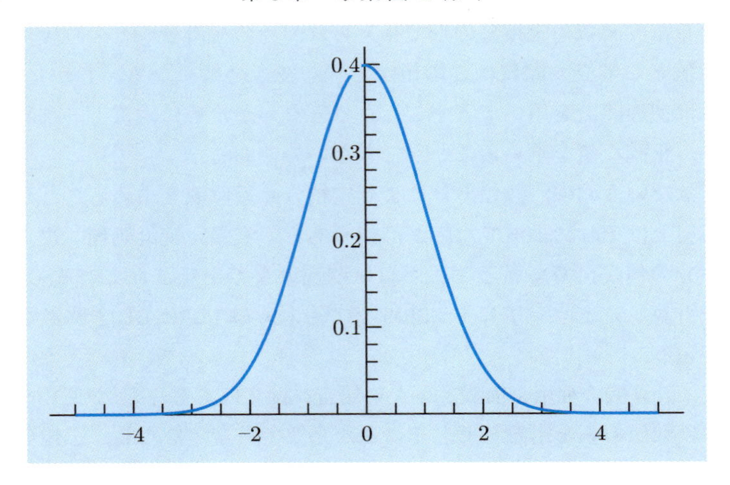

数表 B.1 節に，確率変数 X が $N(0,1)$ に従うときの上側確率

$$\begin{aligned} Q(x) &= P(X > x) \\ &= \int_x^{\infty} \varphi(t)\,dt = 1 - \Phi(x), \quad x \geq 0 \end{aligned}$$

の表を収録した．Φ の値が必要な場合は，上の関係式を用いて書き換えればよい．また $x < 0$ の場合の値が書かれていないが，$\varphi(x)$ の対称性から

$$\begin{aligned} \Phi(-x) &= \int_{-\infty}^{-x} \varphi(t)\,dt \\ &= \int_x^{\infty} \varphi(t)\,dt \\ &= Q(x) = 1 - \Phi(x), \quad x > 0 \end{aligned}$$

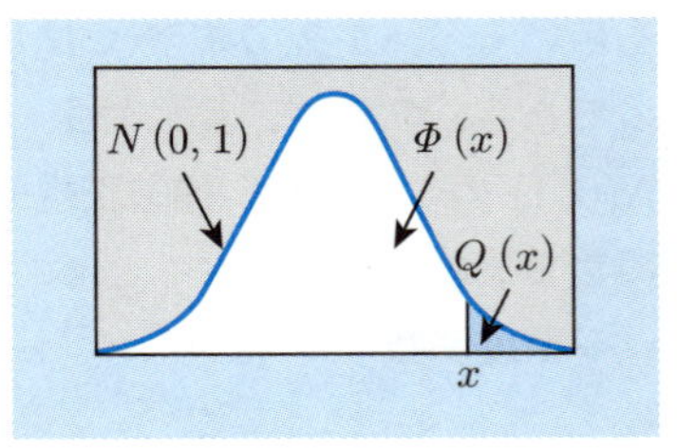

の関係にあることがわかるので，この関係式から値を求めればよい．

注意 6.4　分布関数 Φ の表でよいと思うかもしれないが，x が大きいとき $\Phi(x) \fallingdotseq 1$ となる．例えば，$\Phi(4) \fallingdotseq 0.9999683$ である．有効数字 4 桁とすると $\Phi(4) \fallingdotseq 1.000$ であって，$x > 4$ のとき全て $\Phi(x) \fallingdotseq 1.000$ が並ぶことになる．この部分がほぼ無意味になってしまうため，Φ のかわりに Q の表を用意することが多い．

例題 6.1 以下の問いに答えよ．

(1) $X \sim N(50, 100)$ とするとき，$P(X \geq 80)$ の値の近似値を数表から求めよ．

(2) $X \sim N(-2, 4)$ とするとき，$P(-3 < X < 3)$ の値の近似値を数表から求めよ．

【解答】 (1) $Y = \frac{X-50}{10}$ とおくと $Y \sim N(0,1)$ である．従って

$$P(X \geq 80) = P(Y \geq 3) = Q(3)$$

である．よって数表から $P(X \geq 80) \fallingdotseq 1.3499 \times 10^{-3}$ であることがわかる．

(2) $Y = \frac{X+2}{2}$ とおくと $Y \sim N(0,1)$ である．よって

$$P(X \geq 3) = P\left(Y \geq \frac{5}{2}\right) = Q\left(\frac{5}{2}\right)$$

であり，また

$$P(X \leq -3) = P\left(Y \leq -\frac{1}{2}\right) = \Phi\left(-\frac{1}{2}\right) = Q\left(\frac{1}{2}\right)$$

である．従って

$$P(-3 < X < 3) = 1 - P(X \geq 3) - P(X \leq -3) = 1 - Q\left(\frac{1}{2}\right) - Q\left(\frac{5}{2}\right)$$

であることがわかる．数表をひけば

$$Q\left(\frac{1}{2}\right) \fallingdotseq 0.308538, \quad Q\left(\frac{5}{2}\right) \fallingdotseq 6.2097 \times 10^{-3}$$

が得られ，よって次のようになることがわかる．

$$P(-3 \leq X \leq 3) \fallingdotseq 0.6852523$$

□

注意 6.5 5.1.5 項において，偏差値についての大まかな意味を述べた．データの分布が概ね正規分布で近似できると仮定したとき，標準得点は標準正規分布 $N(0,1)$ で，偏差値得点は平均 50，分散 100 の正規分布 $N(50, 100)$ で概ね近似できるということになる．この下で，偏差値 80 以上の割合は例題 6.1 の (1) の値に相当し，0.134% であることがわかる．

問題 6.1 以下の問いに答えよ．

(1) $X \sim N(50, 100)$ とするとき，$P(X \geq 60)$ の値の近似値を数表から求めよ．

(2) $X \sim N(1, 4)$ とするとき，$P(X \geq 5)$ の値の近似値を数表から求めよ．

また，統計上上側確率 Q の逆関数である「パーセント点」と呼ばれる値も重要である．

定義 6.1 $X \sim N(0,1)$ とするとき，$0 < \alpha < 1$ に対し

$$P(X > x) = \alpha$$

となる x のことを，"標準正規分布に対する上側確率 $100\alpha\%$ の**パーセント点**" と呼び，Z_α で表す．

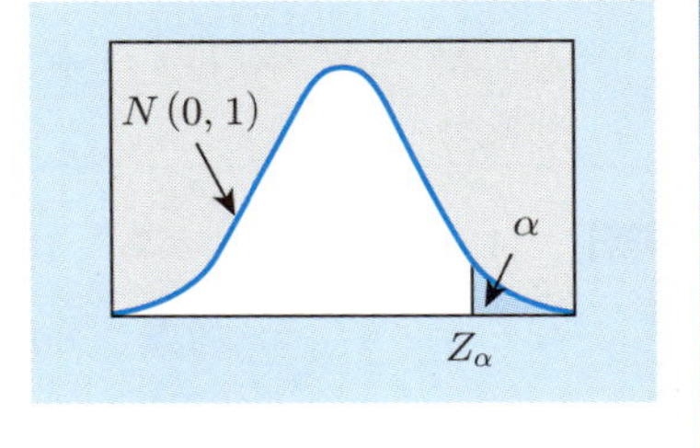

統計処理ソフトウェアには与えられた α に対し Z_α の値が計算できる関数がほぼ間違いなく用意されている．また，Excel などの表計算ソフトウェアにも `NORMINV` もしくは `NORM.INV` 関数などが用意されている．なおこの数表もあるのだが，他との兼ね合いもあって 6.4.4 項にて触れることにするので少々待たれたい．

6.4.2 分散が既知のときの標本平均

$X_1, \ldots, X_n$ を母集団分布 $N(\mu, \sigma^2)$ の正規母集団からの標本とする．もし母分散 σ^2 がわかっていれば，(6.1), (6.2) を使うことにより

$$\overline{X} \sim N(\mu, \sigma^2/n)$$

であることがわかる．また，平均が 0, 分散が 1 になるように正規化した

$$Z = \frac{\overline{X} - \mu}{\sqrt{\sigma^2/n}}$$

を考えれば，$Z \sim N(0,1)$ となる．$\overline{X}$ の出現確率を計算する場合，Z については数表を用いることができるので，こちらに帰着させればよい．

母平均をこの標本平均で近似するとすればどのようなことが起こるだろうか．$\overline{X}$ の標準偏差（分散の平方根）は $\sqrt{\sigma^2/n}$ であるから，次のことがわかる：

(1) $\overline{X}$ は μ の周りに分布して，n を大きくすればそのばらつきは小さくなることがわかる．よって，$\overline{X}$ は μ を推定するにはよりよい値となる．

(2)　一方で，n を大きくしても，$\overline{X}$ の標準偏差は $n^{-1/2}$ のオーダーでしか小さくならない．例えば標準偏差を $\frac{1}{10}$ にしたければ，標本の大きさを 100 倍にしなくてはならない．

6.4.3　不偏分散とその標本分布

正規母集団については，不偏分散

$$s^2 = \frac{1}{n-1}\sum_{k=1}^{n}(X_k - \overline{X})^2$$

の標本分布は，「χ^2（かいにじょう）分布」とよばれる分布を使って表すことができる．

定義 6.2　χ^2 分布

$k \in \mathbb{N}$ とする．確率変数 X の密度関数が

$$f(x) = \begin{cases} \frac{1}{2^{k/2}\Gamma(k/2)}\, x^{(k-2)/2}e^{-x/2}, & x \geq 0 \\ 0, & x < 0 \end{cases}$$

で与えられるとき，X は自由度 k の **χ^2 分布**に従うという．ただし，$\Gamma(x)$ はガンマ関数である．またこのとき，$X \sim \chi^2(k)$ で表す．

なお，自由度 10 の χ^2 分布の密度関数について，グラフを描くと以下のようになる．

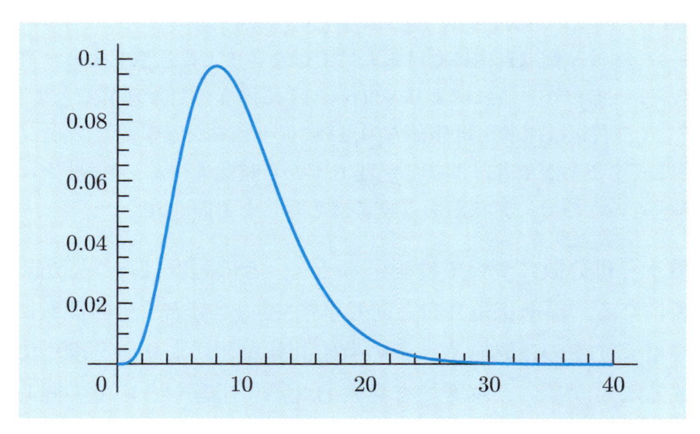

不偏分散は，正規分布確率変数の二乗和の形である．もし独立であったとすると，次のことが成り立つ．

定理 6.4 $Z_1, \ldots, Z_k$ は独立で，全て $N(0,1)$ に従う確率変数であるとする．このとき

$$\chi^2 = Z_1^2 + \cdots + Z_k^2$$

は $\chi^2 \sim \chi^2(k)$ である．

また自由度 k の χ^2 分布 $\chi^2(k)$ はガンマ分布 $\Gamma(\frac{k}{2}, 1)$ に他ならない．このことに注意すると，ガンマ分布の再生性（定理 3.9）に注意すれば定理 6.4 は得られる．

本題の不偏分散であるが，これも分散を正規化すると χ^2 分布に従うのである．ただし，自由度が標本のサイズとは異なることには注意が必要である．

定理 6.5 不偏分散の標本分布

$X_1, \ldots, X_n$ を正規母集団 $N(\mu, \sigma^2)$ からの標本とし，$\overline{X}$ はその標本平均とすると，

$$\chi^2 = \sum_{i=1}^{n} \left(\frac{X_i - \overline{X}}{\sigma} \right)^2 = \frac{n-1}{\sigma^2} s^2$$

は**自由度 $n-1$** の χ^2 分布 $\chi^2(n-1)$ に従う．

注意 6.6 χ^2 は n 項の和であるから $\chi^2(n)$ に従うように思えるが，

$$(X_1 - \overline{X}) + \cdots + (X_n - \overline{X}) = 0$$

であるから，これら n 個は自由に動けるわけではないことに注意しよう．直観的には，1 つ自由度が減っており，これにより $\chi^2(n-1)$ に従うのだと理解できよう．実際この考察は正しく，右辺は標準正規分布 $N(0,1)$ に従う独立な確率変数 $Z_1, \ldots, Z_{n-1}$ の二乗和の形で表すことができ，よって定理 6.4 から結論を得る．詳細については付録 A.4 節で述べているので，興味がある読者はそちらを参照されたい．

不偏分散から母分散について推測するとき，どの程度ばらつくか，その確率の値が必要になる．標準正規分布と同じ事情で，χ^2 分布の分布関数について具体的な値を計算するのは難しく，予め数値計算などにより値を求めておき，数表を用意することが多い．本書でも数表 B.3 節に用意したので参照してもらいたい．ただし，以下で定義するパーセント点に対するものになっている．

定義 6.3　$X \sim \chi^2(k)$ とするとき，$0 < \alpha < 1$ に対し

$$P(X > x) = \alpha$$

となる x のことを，"$\chi^2(k)$ に対する上側確率 $100\alpha\%$ の**パーセント点**" と呼び，$\chi^2_\alpha(k)$ で表す．

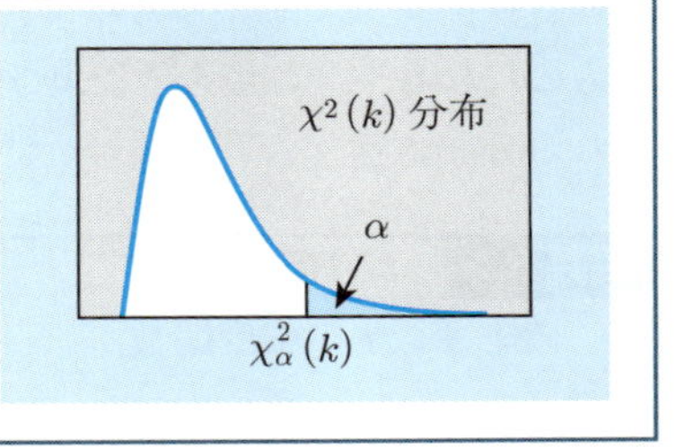

統計処理ソフトウェアには与えられた k, α に対し $\chi^2_\alpha(k)$ の値が計算できる関数がほぼ間違いなく用意されている．また，Excel などの表計算ソフトウェアにも `CHIINV` もしくは `CHISQ.INV` 関数などが用意されている．

6.4.4　分散が未知のときの標本平均と t 統計量

6.4.2 項においては，母分散 σ^2 の値がわかっているときに標本平均の標本分布を与えた．現実には，母分散の値がわかっているというのは考えにくい．ここでは，母分散を未知の数としたときに，$\overline{X}$ の標本分布がどのようになるか考えよう．

6.4.2 項では，$\overline{X} \sim N(\mu, \sigma^2/n)$ であることを確かめたが，右辺には未知数が 2 つ入っている形になっており，また

$$Z = \frac{\overline{X} - \mu}{\sqrt{\sigma^2/n}} \sim N(0,1)$$

であった．上記の式と標本の出方から μ を推測しようとすると，結論として得られるのは μ と σ^2 の関係に限られてしまうのである．

不偏分散を母分散の代用とすることを考えよう．つまり，σ^2 のかわりに標本（不偏）分散 s^2 で置き換えたものを考える．

定義 6.4　標本 $X_1, \ldots, X_n$ に対して，$\overline{X}$ を標本平均，s^2 を不偏分散とするとき

$$t = \frac{\overline{X} - \mu}{\sqrt{s^2/n}}$$

を（スチューデントの）$\boldsymbol{t}$ **統計量**という．

置き換えをしてしまったので，t 統計量の標本分布は標準正規分布とは異なるものになる．今の場合，正規母集団であることを使うと，次の「t 分布」と呼ばれる分布に従うことが知られている．

定義 6.5　t 分布

確率変数 t の密度関数が

$$f(x) = \frac{1}{\sqrt{k}\,B(k/2, 1/2)} \left(\frac{k}{x^2+k}\right)^{(1+k)/2}$$

で与えられるとき，t は自由度 k の **t 分布**に従うといい，$t \sim t(k)$ で表す．なお，$B(u, v)$ はベータ関数である（注意 3.9 参照）．

定理 6.6　t 統計量の標本分布

正規母集団 $N(\mu, \sigma^2)$ からの標本 $X_1, \ldots, X_n$ に対して，その t 統計量は自由度 $n-1$ の t 分布 $t(n-1)$ に従う．

この証明についても定理 6.5 同様，付録 A.4 節で述べているので，詳細についてはそちらを参照されたい．

標準正規分布や χ^2 分布と同様，t 分布についても予め数値計算などにより値を求めておき，数表を用意することが多い．本書でも数表 B.2 節に用意したので参照してもらいたい．χ^2 分布同様，以下で定義するパーセント点に対するものになっている．

定義 6.6　$X \sim t(k)$ とするとき，$0 < \alpha < 1$ に対し

$$P(X > x) = \alpha$$

となる x のことを，“$t(k)$ に対する上側確率 100α% の**パーセント点**”と呼び，$t_\alpha(k)$ で表す．

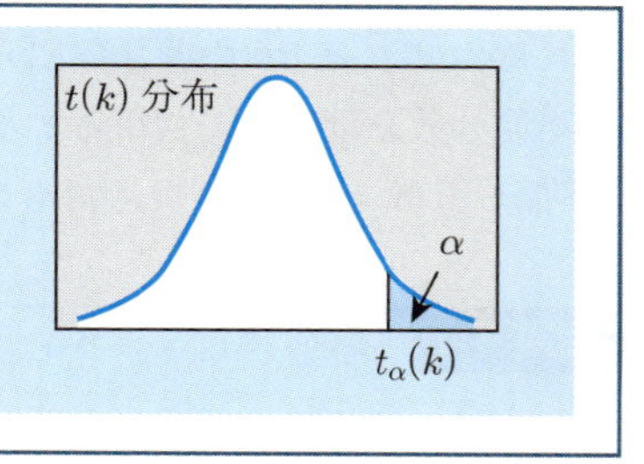

統計処理ソフトウェアには与えられた k, α に対し $t_\alpha(k)$ の値が計算できる関数がほぼ間違いなく用意されている．また，Excel などの表計算ソフトウェアにも `TINV` もしくは `T.INV` 関数などが用意されている．

注意 6.7 (1) 密度関数は $x=0$ について対称．従って $X \sim t(k)$ とすると

$$P(X > x) = P(X < -x), \quad x \in \mathbb{R}$$

が成り立つ．このことから

$$\begin{aligned} &P\bigl(-t_{\alpha/2}(k) \leq X \leq t_{\alpha/2}(k)\bigr) \\ &= 1 - P\bigl(X > t_{\alpha/2}(k)\bigr) + P\bigl(X < -t_{\alpha/2}(k)\bigr) \\ &= 1 - \alpha \end{aligned}$$

であることがわかる．

(2) $k \to \infty$ とすれば，t 統計量の分布 $t(n-1)$ は正規分布 $N(0,1)$ に近づく．大雑把に言うと，定理 6.3 の計算により

$$s^2 = \frac{n}{n-1}\left(\frac{1}{n}\sum_{k=1}^{n}(X_k-\mu)^2 - (\overline{X}-\mu)^2\right)$$

であるが，$n \to \infty$ とすれば $\overline{X} \to \mu$ であり括弧内の後者の項は 0 に収束する．さらに大数の法則（4.1 節）によれば

$$\frac{1}{n}\sum_{k=1}^{n}(X_k-\mu)^2 \to E\bigl[(X_1-\mu)^2\bigr] = \sigma^2 \quad (n \to \infty)$$

となるから，$s^2 \to \sigma^2$ である．従って n が十分大きければ

$$t \fallingdotseq \frac{\overline{X}-\mu}{\sqrt{\sigma^2/n}}$$

となり，右辺は正規分布 $N(0,1)$ に従うのだったから，極限は正規分布になるであろうことが直観的にはわかる．事実この結果は正しく，確率変数 X_k が $X_k \sim t(k)$ であるとすると，中心極限定理（定理 4.3）と同様の

$$\lim_{k\to\infty} P(a \leq X_k \leq b) = \int_a^b \frac{1}{\sqrt{2\pi}}\, e^{-x^2/2}\, dx$$

の意味で，確率が収束することも証明できる．

この意味で，正規分布 $N(0,1)$ は自由度無限大の t 分布と考えることができ，数表 B.2 節における自由度 $\nu = \infty$ の欄は標準正規分布のパーセント点 Z_α の表になっている．

以下のグラフは，$k = 5, 10, 30$ のとき，$t(k)$ の密度関数を青線（——），$N(0,1)$ の密度関数を黒線（- - -）として重ねて描いたものである．

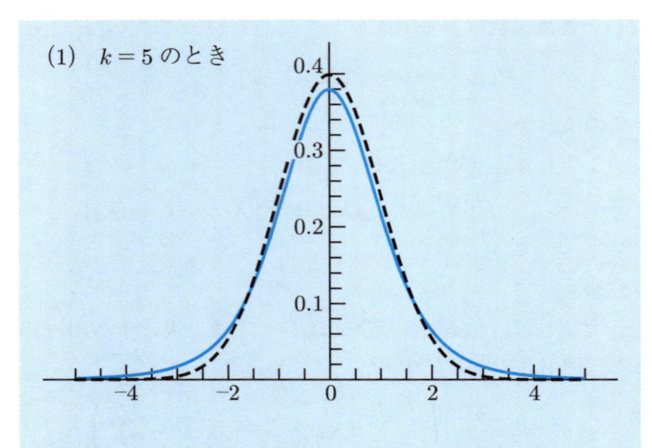
(1) $k=5$ のとき
0.4
0.3
0.2
0.1
−4
−2
0
2
4

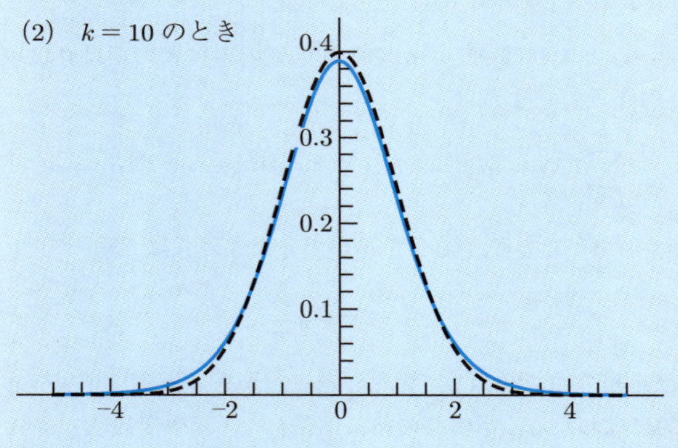
(2) $k=10$ のとき
0.4
0.3
0.2
0.1
−4
−2
0
2
4

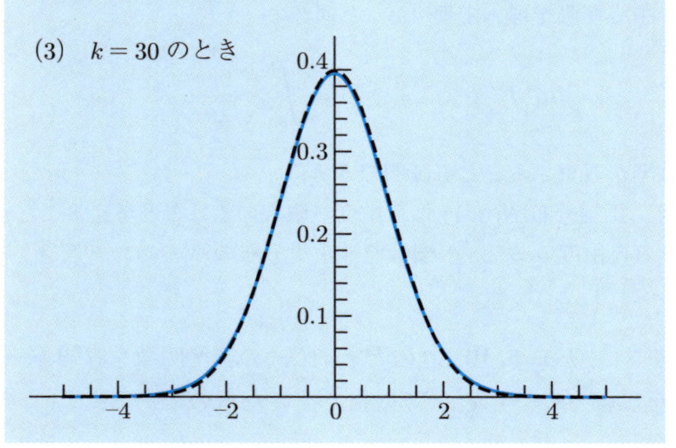
(3) $k=30$ のとき
0.4
0.3
0.2
0.1
−4
−2
0
2
4

第7章 仮説検定

調査を行うことにより標本の実現値が得られることになり，統計量の実現値も得られる．その統計量の標本分布がわかっているとすると，その値の出方についての情報が得られていることになる．なにがしか仮説をおいたとき，得られた実現値がもし現実離れした値ということになれば，それは仮説に誤りがあったと考えられる．この考え方に基づいた推論は**仮説検定**と呼ばれる．この章では仮説検定について学ぶことにしよう．

7.1 仮説検定の枠組み

確率を使って，推論をしてみよう．ここで鍵になるのは，「まれにしか起きないであろう事柄はそうそう起きないはずだ」という考え方である．書き方はともかく，その考え方に触れてみよう．

例 7.1 あるコインを同一の条件で 20 回投げたとき，表が 15 回出た．このとき，このコインは裏よりも表が出やすいと言えるだろうか．

各試行において，表が出るか裏が出るかの 2 通りしかない．k 回目に表が出たときに $X_k = 1$ とし，裏が出たときに $X_k = 0$ とすれば，$X_1, \ldots, X_{20}$ は二項母集団 $Bin(1, p)$ からの標本であると考えられる．ただし，p は

$$p = P(X_1 = 1)$$

である．ここで表も裏も同様に出やすい，つまり $p = \frac{1}{2}$ である(*) と仮定してみよう．表が 15 回以上出る確率を考えると

$$P\left(\sum_{k=1}^{20} X_k \geq 15\right) = \sum_{r=15}^{20} {}_{20}\mathrm{C}_r \left(\frac{1}{2}\right)^{20} \fallingdotseq 0.0207$$

である．よって，事象を希（ほぼ起こりえない）と考える確率の基準を 0.1(**) とすると，表が 15 回以上出る確率はこれ以下であるから，従ってほぼ起こりえ

ない事象が起こっていると判断される．実際にはこの事象が起きているのだから，ほぼ起こりえないという結論を導いた仮定 $p = \frac{1}{2}$ の方に誤りがあると考えられる．以上から，このコインを投げると表の方が出やすいと判断される． □

例 7.1 において，議論の流れは

(1) 判断したい事柄（仮説）を仮定する（$(*)$ の部分）．

(2) その事柄から，現実に起こった事象の確率（P としておく）を，統計量の確率分布から計算する．

(3) 計算した確率 P と，事象を希（ほぼ起こりえない）と考える確率の基準（**有意水準**）α（$(**)$ の部分）を元に判断を下す．

(a) $P < \alpha$ なら，ほぼ起こりえない事象が起きており，元々の仮定は間違っていたと見なす（**棄却**）．

(b) $P > \alpha$ なら，起こりえないとはいえず，元々の仮定を否定することはできない（**採択**）．

となっている．この手続きのことを**仮説検定**や**有意性検定**という．

注意 7.1 (1) 棄却されなかったといっても，積極的に支持するというわけではない．単に「結果と仮説との間に矛盾を見つけることができなかった」ということにすぎない．

(2) 有意水準の値を変えると，**棄却でも採択でも好きなように結論を導くことができる**ことには注意が必要である．有意水準は仮説検定の確度を表す数値であり，どの程度にするべきかは統計的推測の手続き（標本抽出・仮説検定）を行う前に決めておくべきものであって，手続きに入ってから作為的に変更してはならない．

得られた標本の実現値に対して，それと一致する確率を考えればよいように思うかもしれない．ただ，母集団分布が連続型なら確率は 0 となるし，離散型でも標本のサイズ n が大きくなるとほぼ 0 となり，どちらにせよ有意水準を常に下回ることになる．従って，この確率を有意水準と比較することには意味がない．このため，その実現値を含むようなある程度大きな，考えることに意味がある事象を用意する必要がある．仮説検定では，「得られた標本の実現値，もしくはそれより起こりにくい値となる」という事象を考える．検定の方法を定めることは，「起こりにくい」をどのように設定するかに言い換えられる．

7.2 帰無仮説と対立仮説

仮説検定では，仮説を棄却するかどうかだけではなく，それと相反する仮説についても同時に判断を下すことになる．

仮説検定で直接棄却・採択の対象となる仮説のことを**帰無仮説**(きむ)といい，通常 H_0 とかく．また帰無仮説とは相反する仮説で，帰無仮説が棄却したときに採択する仮説のことを**対立仮説**といい，通常 H_1 とかく．

仮説検定では「帰無仮説・対立仮説のどちらが正しいと考えられるか」，正確には「帰無仮説を棄却して，対立仮説を採択するに足る根拠はあるか」という判断を行っている．数学で用いられる背理法と同様の議論である．もし帰無仮説が棄却されれば，対立仮説が採択される．数学での背理法において「仮定から議論を進めると矛盾が起きることになり，従って最初に設定した仮定に問題があった」ことが示されたことに対応する．

一方で，帰無仮説が採択された場合はどうだろうか．この場合，仮説検定において「帰無仮説を棄却して，対立仮説を採択するに足る根拠はない」ということが示されただけにすぎない．背理法による証明を試みた際に「仮定から矛盾は導かれなかった」という状況に対応している．背理法による証明の場合，

- 仮定はそもそも正しかった．
- 仮定は間違っているが，矛盾が起きるところまで議論を進められなかった．

のどちらかが考えられるが，その結果だけからは判断することはできない．仮説検定でも同様であり，帰無仮説の採択は帰無仮説に対する積極的な支持を意味しない．また，対立仮説については何も言及できないことに注意すべきである．

例 7.2 前に挙げた例 7.1 では，帰無仮説は $p = \frac{1}{2}$ であり，対立仮説は $p > \frac{1}{2}$ としている． □

7.3 検定の誤り

確率の値を見る限りほぼありえないような値であっても，確率が正である限り，偶発的にその値が実現される可能性は排除できない．従って，仮説検定の仕組み上，検定結果が誤りを含む可能性を排除することは不可能である．

帰無仮説 H_0 と対立仮説 H_1 に対して，仮説検定の結果と本来の結果とを表にしてみると次の通りとなる：

	仮説 H_0 は正しい 仮説 H_1 は正しくない	仮説 H_0 は正しくない 仮説 H_1 は正しい
仮説 H_0 を棄却	(1)	(3)
仮説 H_0 を採択	(2)	(4)

上の表のうち，(2), (3) は検定結果と真偽が対応しているが，(1), (4) は対応していない（検定の結果が正しくない）．検定を行って判断を下す場合，このような可能性は排除できないことは念頭に置いておく必要がある．

なお，(1) のとき，つまり仮説 H_0 は正しいにもかかわらず仮説を棄却してしまう誤りのことを **第一種の誤り**や**第一種の過誤**と呼ぶ．また，(4) のとき，つまり仮説 H_0 は正しくないにもかかわらず仮説を採択してしまう誤りのことを**第二種の誤り**や**第二種の過誤**と呼ぶ．

第一種の誤りが起きる確率は，偶発的に棄却されるような標本を抽出してしまう確率そのものであるから，有意水準 α そのものである．この有意水準 α を小さくすれば万事うまくいくかというと，そのようには一概に言えない．なぜかというと，有意水準を小さくすることにより確かに第一種の誤りは起きづらくなるのであるが，一方で帰無仮説 H_0 を棄却しづらくなっていき，ほぼ採択という結論しか出なくなってしまう．つまり第二種の誤りの可能性がどんどん大きくなってしまうのである．有意水準は第二種の誤りの可能性との兼ね合いから決定せざるをえない．

仮説検定を行う際，第一種の誤りが起きる確率は有意水準 α と等しく，これを 0 とすることは仮説検定の原理上不可能である．一方，有意水準 α を一定としたとき，第二種の誤りが起きる確率 β を最小にする検定方法がより望ましいのはいうまでもない．大雑把に言って，第二種の誤りが起きない確率，つまり帰無仮説が間違っているときに仮説が棄却となる確率のことを検定の**検出力**と呼ぶが，これができるだけ大きくなる検定法が望ましいと考える．

注意 7.2 母集団分布の密度関数・確率分布がわかっていて，帰無仮説・対立仮説が単純な場合，検出力の意味で最良の検定法は密度関数・確率分布を用いて記述できることが知られている（ネイマン–ピアソンの基本補題）．

7.4 正規母集団に対する検定

7.4.1 母平均に対する検定（分散が既知の場合）

この節では，母分散 σ^2 はあらかじめ分かっている場合に，母平均に対する検定について考えることにしよう．標本平均 $\overline{X}$ について正規化すると

$$Z = \frac{\overline{X} - \mu}{\sqrt{\sigma^2/n}} \sim N(0, 1)$$

となるのであったから，これを出発点にして考えることにする．

両側検定　まずは母平均 μ に対する帰無仮説 $H_0\colon \mu = \mu_0$ と対立仮説 $H_1\colon \mu \neq \mu_0$ に対する検定を行うことを考えよう．このように大小を考えないで検定する方法を**両側検定**という．

パーセント点の定義（定義 6.1）と，正規分布の対称性から

$$P\big(|Z| > Z_{\alpha/2}\big) = \alpha$$

を得る．ただし Z_α は正規分布の $100\alpha\%$ 分位点である．この事実から，仮説の H_0 の下での Z の具体的な値

$$Z = \frac{\overline{X} - \mu_0}{\sqrt{\sigma^2/n}}$$

を計算し，

(1)　$|Z| > Z_{\alpha/2}$ であれば H_0 を棄却し，H_1 を採択する．

(2)　$|Z| \leq Z_{\alpha/2}$ ならば H_0 を採択する．

とすればよいと考えられる．なお，この方法が有意水準 α の上記 H_0, H_1 に対する検定のうち，検出力の意味で最良のものとなっていることが知られている．

注意 7.3　(1)　繰返しになるが，H_0 を採択する場合，対立仮説 H_1 には何ら言及しないことに注意せよ．

(2)　Z_α の定義から，$Z \sim N(0, 1)$ とするとき

$$P\big(|Z| > x\big) < \alpha \Leftrightarrow x > Z_{\alpha/2}$$

である．よって，Z の実現値を Z_0 とするとき，例 7.1 のように $\{|Z| > |Z_0|\}$ の確率を元に検定することと，上で挙げた検定法は同等である．

用語をいくつか用意しておこう．

- 帰無仮説を棄却して対立仮説を採択するべき統計量の範囲を**棄却域**という．

それに対して，

- 帰無仮説を採択するべき統計量の範囲を**採択域**という．

上の両側検定の場合，棄却域は $|Z| > Z_{\alpha/2}$ であり，採択域は $|Z| \leq Z_{\alpha/2}$ である．

例題 7.1 重量がおおよそ 18.0 g であると想定している工業製品があり，200 個の製品を無作為に抽出して重量を計測したところ，標本平均が $\overline{X} = 18.2$ [g] という結果を得た．正規母集団に従うと仮定し，さらに母分散は $\sigma^2 = 1.02$ [g^2] であると仮定して，母平均が 18.0 g であるとするのは適切といえるのか，有意水準 5% で検定せよ．

【解答】 母平均 μ に対し，帰無仮説・対立仮説を

$$H_0: \quad \mu = 18.0,$$

$$H_1: \quad \mu \neq 18.0$$

と立て，検定を行う（両側検定）．このとき

$$Z = \frac{\overline{X} - \mu}{\sqrt{\sigma^2/n}} = 2.80$$

であることがわかる．$Z_{0.025} = 1.960$ であるから，これと Z を比較すると，$|Z| > Z_{0.025}$ であり，帰無仮説 H_0 は棄却され，対立仮説 H_1 は採択される．以上から，母平均 μ が 18.0 g であるとしたのは不適切と判断される． □

問題 7.1 与えられた NaOH 水溶液の中和滴定を繰り返し行い，水溶液 10 ml に対して要したシュウ酸標準溶液の量を測定したところ，以下のような結果を得た．

15.7, 15.7, 15.1, 15.4, 15.3, 14.8, 15.6, 16.0, 14.9, 15.5 [ml]

この測定は母分散 $\sigma^2 = 2.00 \times 10^{-1}$ [ml^2] の正規母集団に従うと仮定し，必要量は 15.0 ml であるとすることは適切であるか，有意水準 5% で検定を行う．このとき，次の空欄を埋めて，仮説検定を完成させよ．ただし，(ウ) から (カ) の付いている箇所には数値，(ク) および (ケ) には「採択」「棄却」のいずれか，(コ) には「いえる」「いえない」のいずれかが入るものとする．

母平均 μ に対し，帰無仮説および対立仮説を

H_0: (ア)

H_1: (イ)

とおいて仮説検定を行う．このとき，標本平均は

$$\overline{X} = \text{(ウ)}$$

であるから，統計量 Z は

$$Z = \frac{\overline{X} - \mu}{\sqrt{\sigma^2/n}} = \text{(エ)}$$

であることがわかる．ここで，$Z_{\text{(オ)}}$ = (カ) であり，これと Z を比較すると，(キ) であるため，帰無仮説 H_0 は (ク) され，対立仮説 H_1 は (ケ) される．

以上から，必要量が 15.0 ml であるとするのは不適切と (コ).

片側検定　次に，対立仮説として H_1 ではなく

$$H_1': \quad \mu > \mu_0$$

となる場合を考えよう．具体的には，μ がある値よりも大きいことが期待される場合である．なお

$$H_1'': \quad \mu < \mu_0$$

の場合も同様である．

帰無仮説 H_0 を棄却して対立仮説 H_0' を採択するためには，μ が μ_0 より十分大きいことを主張しなくてはならない．この場合，$\overline{X}$ が μ_0 より十分大きい，つまり Z が十分大きい正の数であることを確かめることになる．パーセント点の定義から

$$P(Z > Z_\alpha) = \alpha$$

であるから，標本から得られた Z の値に対して

(1)　$Z > Z_\alpha$ であれば H_0 を棄却し，H_1' を採択する．

(2)　$Z \leq Z_\alpha$ ならば H_0 を採択する．

とすればよい．なお，対立仮説が H_1'' のときの棄却域は $Z < -Z_\alpha$ である．

両側検定と対比して，μ が大きい方だけ，もしくは小さい方だけを対立仮説として検定する方法を**片側検定**という．対立仮説として確かめたい事柄により，片側検定か両側検定かを選択する必要がある．

注意 7.4 同じ帰無仮説に対して，採択域のパラメータ $Z_\alpha, Z_{\alpha/2}$ で取り方が異なっていることを不思議に思うかもしれない．この数値が異なるのは，与えられた対立仮説に応じて第二種の誤りの可能性について考え，検定の方法を考察しているからである．

例題 7.2 例題 7.1 の設定の下，母平均が 18.0 g より大きいとするのは適切といえるのか，有意水準 5% で検定せよ．

【解答】 母平均 μ に対し，帰無仮説・対立仮説を

$$H_0:\quad \mu = 18.0,$$
$$H_1:\quad \mu > 18.0$$

と立て，検定を行う（片側検定）．このとき

$$Z = \frac{\overline{X} - \mu}{\sqrt{\sigma^2/n}} = 2.80$$

であることがわかる．$Z_{0.05} = 1.645$ であるから，これと Z を比較すると，$Z > Z_{0.05}$ であり，帰無仮説 H_0 は棄却され，対立仮説 H_1 は採択される．以上から，母平均 μ が 18.0 g より大きいと結論される． □

問題 7.2 ある材料の長さを繰り返し 10 回測定し

$$n = 10, \quad \overline{X} = 15.20 \text{ [cm]}$$

という結果を得た．この測定は正規母集団に従うと仮定し母分散 σ^2 は $\sigma^2 = 0.08$ で与えられているとして，母平均 μ は 15.00 cm より大きいと結論できるか．有意水準 5% で検定せよ．

7.4.2　母平均に対する検定（分散が未知の場合）

母数である母分散が既知であるという場合はそれほど多くなく，母分散は未知であるという場合の方がより現実的であろう．ここでは，こういった場合を扱うことにしよう．

t 統計量のことを思い出すと，標本の大きさ n と標本平均 $\overline{X}$ および標本（不偏）分散 s^2 に対して，

$$t = \frac{\overline{X} - \mu}{\sqrt{s^2/n}} \sim t(n-1)$$

であった．t 分布も $x = 0$ に対して対称であることに注意すると，母分散が既知である場合と同様の考察を行えば，母平均 μ に対する帰無仮説 $H_0\colon \mu = \mu_0$ に対する検定は，対立仮説 H_1 に応じて以下の通りとなる．

(1)　$H_1\colon \mu \neq \mu_0$ のとき，棄却域は $|t| > t_{\alpha/2}(n-1)$ である．つまり $|t| > t_{\alpha/2}(n-1)$ のとき H_0 を棄却し，それ以外の場合には採択する．

(2)　$H_1\colon \mu > \mu_0$ のとき，棄却域は $t > t_\alpha(n-1)$ である．

(3)　$H_1\colon \mu < \mu_0$ のとき，棄却域は $t < -t_\alpha(n-1)$ である．

例題 7.3　ある 1 ℓ 入りボトルの乳飲料について，その含有脂肪分について調査を行った．無作為抽出により選ばれた 12 本を調べたところ，それらに含まれる脂肪分は

32.4, 31.2, 34.3, 32.8, 32.1, 31.4,
32.2, 35.1, 32.7, 33.5, 32.4, 33.2 [g]

であることがわかった．測定値は正規母集団 $N(\mu, \sigma^2)$ に従うと仮定して，「母平均 μ は 32.0 g である」という主張は正しいか，仮説検定を行いたい．以下の問いに答えよ．

(1)　帰無仮説 H_0・対立仮説 H_1 をどのようにとればよいか答えよ．

(2)　標本平均および不偏分散を求めよ．

(3)　母平均は 32.0 g と考えてよいか，有意水準 5% で検定せよ．

【解答】　(1)　母平均 μ に対して，

$$H_0\colon \quad \mu = 32.0,$$
$$H_1\colon \quad \mu \neq 32.0$$

ととればよい（両側検定）.

(2) 標本平均・不偏分散の値は

$$\overline{X} = \frac{1}{n}\sum_{i=1}^{n} X_i = 32.8,$$

$$s^2 = \frac{1}{n-1}\sum_{i=1}^{n}(X_i - \overline{X})^2 = 1.26$$

である **（不偏分散の $n-1$ を n と間違えないように注意）**.

(3) 標本に対する t 統計量は

$$t = \frac{\overline{X} - \mu}{\sqrt{s^2/n}} = 2.39$$

となり，$t_{0.025}(11) = 2.201$ であるから，$|t| > t_{0.025}(11)$ となる．これより，H_0 は棄却され，H_1 は採択される．従って「母平均 μ は 32.0 g である」という主張は正しくないと判断される． □

例題 7.4 例題 7.3 の設定の下，「母平均 μ は 32.0 g より大きい」という主張は正しいか，有意水準 1% で検定せよ．

【解答】 母平均 μ に対して，帰無仮説 H_0・対立仮説 H_1 を

$$H_0: \quad \mu = 32.0,$$

$$H_1: \quad \mu > 32.0$$

ととり検定を行う（片側検定）.

標本に対する t 統計量は

$$t = \frac{\overline{X} - \mu}{\sqrt{s^2/n}} = 2.39$$

であり，$t_{0.01}(11) = 2.718$ であるから，$t < t_{0.01}(11)$ となって H_0 は採択される．

従って「母平均 μ は 32.0 g より大きい」とまではいえない． □

問題 7.3 ある機械で生産された 10 個の製品の重量を測定したところ

101.1, 103.2, 102.1, 99.2, 100.5, 101.3, 99.7, 100.5, 98.9, 101.4 [g]

のような結果を得た．正規母集団であることを仮定し，母平均は 100 g と考えてよいか検定を行いたい．このとき以下の問いに答えよ．

(1) 帰無仮説・対立仮説をどのようにとればよいか答えよ．

(2) 母平均は 100 g と考えてよいか，有意水準 5% で検定せよ．

7.4.3 母分散に対する検定

母分散 σ^2 に対する帰無仮説 $H_0\colon \sigma^2 = \sigma_0^2$ の検定は標本分散 s^2 が

$$\chi^2 = \frac{(n-1)s^2}{\sigma^2} \sim \chi^2(n-1)$$

を満たすことを用いて行う．なお χ^2 分布は正規分布や t 分布とは異なり，対称性を持っていないので，棄却域・採択域の設定には注意が必要である．

(1) 対立仮説が $H_1\colon \sigma^2 \neq \sigma_0^2$ のときは

$$P\big(\chi^2_{1-\alpha/2}(n-1) < \chi^2 < \chi^2_{\alpha/2}(n-1)\big) = 1-\alpha$$

であることに注意すると

$$\chi^2 < \chi^2_{1-\alpha/2}(n-1),\ \chi^2 > \chi^2_{\alpha/2}(n-1)$$

のいずれかであるとき H_0 を棄却し，それ以外の場合には採択する．

(2) 対立仮説が $H_1\colon \sigma^2 > \sigma_0^2$ のときは，$\frac{\sigma^2}{\sigma_0^2}$ は大きな数となることを考えると

$$\chi^2 = \frac{(n-1)s^2}{\sigma_0^2} = \frac{(n-1)s^2}{\sigma^2}\,\frac{\sigma^2}{\sigma_0^2}$$

であるから，χ^2 が十分大きいときを考えればよい．すなわち

$$\chi^2_\alpha(n-1) < \chi^2$$

のとき H_0 を棄却し，それ以外の場合には採択する．

(3) 対立仮説が $H_1\colon \sigma^2 < \sigma_0^2$ のときは，$\frac{\sigma^2}{\sigma_0^2}$ は小さな数となることを考えると，χ^2 が十分小さい（0 に近い）ときを考えればよい．すなわち

$$\chi^2_{1-\alpha}(n-1) > \chi^2$$

のとき H_0 を棄却し，それ以外の場合には採択する．

例題 7.5 例題 7.3 の設定の下，「母平均 σ^2 は 0.800 g^2 より大きい」という主張は正しいか，有意水準 1% で検定せよ．

【解答】 母分散 σ^2 に対して，帰無仮説 H_0・対立仮説 H_1 を

$$H_0: \quad \sigma^2 = 0.800,$$
$$H_1: \quad \sigma^2 > 0.800$$

ととり検定を行う（片側検定）．

標本に対する統計量 χ^2 は

$$\chi^2 = \frac{(n-1)s^2}{\sigma^2} = 14.1980\cdots$$

となり，$\chi^2_{0.01}(11) = 24.7250$ であるから，$\chi^2_{0.01}(11) > \chi^2$ となって H_0 は採択される．

従って「母平均 σ^2 は 0.800 g^2 より大きい」とまではいえない． □

注意 7.5 母平均に対する検定と異なり，よほど σ^2 と s^2 が乖離していないと棄却という結論は出てこない．

問題 7.4 問題 7.3 の設定の下，母分散は 1.00 g^2 と考えてよいか検定を行いたい．このとき以下の問いに答えよ．

(1) 帰無仮説・対立仮説をどのようにとればよいか答えよ．

(2) 母分散は 1.00 g^2 と考えてよいか，有意水準 5% で検定せよ．

7.5 ポアソン母集団・二項母集団に対する検定

ポアソン母集団・二項母集団に対して，これらの母集団分布は再生性を持つため，標本和の標本分布は正確に求めることができる．ただし，確率の値を具体的に求めるにあたって，その計算が容易かどうかは別問題である．実際，標本の大きさ n が大きな場合に正確な値を求めるのは困難である．ここでは，標本の大きさ n が大きいと仮定し，中心極限定理を用い近似的に計算を行うことを考える．

7.5.1 二項母集団に対する検定

二項母集団 $Bin(1,p)$ に対しては，標本和 $\sum_{i=1}^{n} X_i$ の標本分布が $Bin(n,p)$ で与えられており，これを足がかりに仮説検定を行うことは原理的には可能である．しかしながら，注意 2.9 にあるように，二項係数に含まれる階乗の計算

（n が大きくなると，非常に大きな数の階乗を計算することになる）や p の累乗（n が大きくなると，非常に小さな数になる），またそれらの和を計算しなくてはならず，精度を保ちながら計算することは困難である（少なくとも手で計算できる程度を超える）．そこで，n が十分大きいと仮定して，中心極限定理を用いて近似的に計算を行うことを考える．

標本 X_i（$1 \leq i \leq n$）がベルヌーイ分布 $Bin(1, p)$ に従うと仮定すると

$$E[X_i] = p, \quad V[X_i] = p(1-p)$$

であるから，中心極限定理によれば，n が十分大であるとき

$$Z = \frac{\sum_{i=1}^{n} X_i - np}{\sqrt{np(1-p)}} = \frac{\overline{X} - p}{\sqrt{p(1-p)/n}}$$

は正規分布 $N(0, 1)$ で近似できる．以降は分散が既知の場合の正規母集団に対する検定と同様にすればよい（7.4.1 項参照）．帰無仮説 $H_0\colon p = p_0$ に対する検定は，対立仮説 H_1 に応じて以下の通りとなる．

(1) $H_1\colon p \neq p_0$ のとき，棄却域は $|Z| > Z_{\alpha/2}$ である．

(2) $H_1\colon p > p_0$ のとき，棄却域は $Z > Z_\alpha$ である．

(3) $H_1\colon p < p_0$ のとき，棄却域は $Z < -Z_\alpha$ である．

なお，例 6.2，注意 6.1 で述べたように，母集団の大きさ N が有限で非復元抽出を行っている場合，標本の大きさ n は十分大でなければならないが，N よりは十分小でなくてはならないことには注意しておこう．

例題 7.6 ある番組の視聴率調査を関東地区で行ったところ，調査世帯数 600 に対して 23.2% という結果を得た．このとき，19.5% 以上の世帯がみているとしてよいか，有意水準 5% で検定せよ．

【解答】 母集団において視聴している世帯の割合を p とする．無作為抽出により標本となった世帯が視聴しているかどうか（視聴していれば 1，視聴していなければ 0 の値とする）は，ベルヌーイ分布 $Bin(1, p)$ に従う．つまり，この場合の母集団は二項母集団である．このパラメータ p に対し，帰無仮説・対立仮説を

$$H_0\colon \quad p = 0.195,$$

$$H_1\colon \quad p > 0.195$$

として検定を行う（片側検定）．

このとき，標本平均は $\overline{X} = 0.232$ であるから

$$Z = \frac{\overline{X} - p}{\sqrt{p(1-p)/n}} \fallingdotseq 2.288$$

であることがわかる．$Z_{0.05} = 1.645$ であるから，これと統計量 Z を比較すると，$Z > Z_{0.05}$ となり，帰無仮説 H_0 は棄却され，対立仮説 H_1 は採択される．

以上から，「全体の 19.5% 以上視聴している」という主張は正しいと判断される． □

問題 7.5 Yes/No 形式のアンケートを日本全体から無作為抽出した 1000 名に対して行い，Yes と答えた人が 364 名であった．このとき，日本全体において Yes と考える人の割合は 32.5% 以上であるとしてよいか，有意水準 1% で検定せよ．

問題 7.6 あるさいころを 5000 回投げたところ，1 の目が 910 回出た．この結果をもとに，「このさいころを投げたとき，1 の目が出る確率は $\frac{1}{6}$ である」という主張は正しいか検定したい．このとき，以下の問いに答えよ．

(1) 帰無仮説・対立仮説はどのようにとるのが適切か，答えよ．

(2) この主張について，有意水準 1% で検定せよ．

7.5.2 ポアソン母集団に対する検定

ポアソン母集団 $Po(\lambda)$ に対しても，標本和 $\sum_{i=1}^{n} X_i$ の標本分布が $Po(n\lambda)$ であることがわかっており，これを足がかりに仮説検定を行うことはやはり原理的には可能である．しかしながら，標本の大きさ n が大きくなった場合，ポアソン分布の確率分布に含まれている階乗・べき乗・指数関数の計算，加えてそれらの和の計算と，こちらも現実的には困難と言わざるをえない．ここでも，中心極限定理を用いて，近似的に計算を行うことを考える．

標本 X_i（$1 \leq i \leq n$）がポアソン分布 $Po(\lambda)$ に従うと仮定すると

$$E[X_i] = \lambda, \quad V[X_i] = \lambda$$

であるから，中心極限定理によれば，n が十分大であるとき

$$Z = \frac{\sum_{i=1}^{n} X_i - n\lambda}{\sqrt{n\lambda}} = \frac{\overline{X} - \lambda}{\sqrt{\lambda/n}}$$

は正規分布 $N(0,1)$ で近似できる．以降は分散が既知の場合の正規母集団に対する検定と同様にすればよい（7.4.1 項参照）．帰無仮説 $H_0\colon \lambda = \lambda_0$ に対する

検定は，対立仮説 H_1 に応じて以下の通りとなる．

(1)　$H_1: \lambda \neq \lambda_0$ のとき，棄却域は $|Z| > Z_{\alpha/2}$ である．

(2)　$H_1: \lambda > \lambda_0$ のとき，棄却域は $Z > Z_\alpha$ である．

(3)　$H_1: \lambda < \lambda_0$ のとき，棄却域は $Z < -Z_\alpha$ である．

例題 7.7　ある工場で生産された工業製品について，100 ロットについて検査したところ，1 ロットあたりの不良品の個数は平均 4.51 個であった．不良品の個数はポアソン母集団であることを仮定した上で，1 ロットあたりの不良品の個数は平均 4 個より多いとしてよいかについて，有意水準 1% で検定せよ．

【解答】　母集団分布 $Po(\lambda)$ の母数 λ に対し，帰無仮説・対立仮説を

$$H_0: \quad \lambda = 4.00,$$
$$H_1: \quad \lambda > 4.00$$

として検定を行う（片側検定）．

このとき，標本平均は $\overline{X} = 4.5$ であるから，

$$Z = \frac{\overline{X} - \lambda}{\sqrt{\lambda/n}} = 2.55$$

となることがわかる．$Z_{0.01} = 2.326$ であるから，これと統計量 Z を比較すると，$Z > Z_{0.01}$ となり，帰無仮説 H_0 は棄却され，対立仮説 H_1 は採択される．

以上から，「1 ロットあたりの不良品の個数は 4 個より多い」という主張は正しいと判断される．□

問題 7.7　ある工場で生産された工業製品について，200 ロットについて検査したところ，1 ロットあたりの不良品の個数は平均 5.4 個であった．不良品の個数はポアソン母集団であることを仮定した上で，1 ロットあたりの不良品の個数は平均 5 個より少ないとしてよいかについて，有意水準 5% で検定せよ．

第7章 演習問題

演習 7.1 ある箱に入ったトマトから15個を無作為抽出し，それぞれの重量を計測したところ，

200.7, 202.4, 199.2, 201.3, 202.5, 199.6, 199.2, 198.3,
201.5, 204.2, 202.3, 202.4, 202.3, 201.1, 198.2 [g]

という結果を得た．重量は正規母集団 $N(\mu, \sigma^2)$ に従うと仮定して，「母平均 μ は 200 g より大きい」という主張を仮説検定により検証したい．このとき，以下の問いに答えよ．

(1) 帰無仮説・対立仮説をどのようにとればよいか答えよ．

(2) 標本平均 $\overline{X}$ および不偏分散 s^2 を求め，有効数字 4 桁で答えよ．

(3) 「母平均 μ は 200 g より大きい」という主張は妥当であるか，有意水準 5% で検定せよ．

演習 7.2 演習 7.1 のデータが与えられたとき，「母分散 σ^2 は 2.00 g^2 より大きい」という主張は妥当であるか，有意水準 5% で検定せよ．

演習 7.3 ある番組の視聴率調査を関東地区で行ったところ，調査世帯数 600 に対して 20.1% という結果を得た．このとき，16.5% より多くの世帯がみているとしてよいか，有意水準 1% で検定せよ．

演習 7.4 AM9:00〜AM10:00 の間にある交差点を通過する自動車の台数を 100 日にわたって計測したところ，平均 48.8 台という結果を得た．通過台数はポアソン母集団 $Po(\lambda)$ に従うと仮定した上で，母平均 λ は $\lambda = 50.0$ とする主張は適切であるか，有意水準 5% で検定せよ．

第8章 区間推定

母集団分布についての情報を得たいとき，その母数が鍵になることはすでに述べた．そのために標本 $X_1, \ldots, X_n$ から母数の値を定める必要があるが，この手続きのことを**推定**という．

推定の方法は大別して2通りに分かれる．その一つが，ある母数に対し，推定量の値1つで推定する，**点推定**である．以前，母平均・母分散に対応する推定量として標本平均・不偏分散を導入したが，その値をもって母平均・母分散を推定するのである．もう一つがこの章で学ぶ，ある母数に対し，その母数が入っているであろう現実的な範囲を提示する，**区間推定**である．この章では後者の区間推定について学ぶ．

8.1 区間推定の考え方

ある母数に対し推定することを考える．上限値・下限値を統計量（確率変数）とする区間であって，その母数が入る確率が十分大となるものを求められたとする．標本の実現値が与えられれば上限値・下限値の実現値も得られ，その区間をもって母数を推定することができるだろう．このような推定の方法を**区間推定**という．

もう少し詳しく述べると，ある母数 θ と十分小な α に対し

$$P(L \leq \theta \leq U) = 1 - \alpha \tag{8.1}$$

となる統計量 L, U を求め，その実現値により母数を推定するのである．ここで，L, U はそれぞれ**下側信頼限界**，**上側信頼限界**と呼び，区間 $[L, U]$ を“$100(1-\alpha)\%$ **信頼区間**”と呼ぶ．ここで出てくる $1-\alpha$ を**信頼係数**と呼ぶ．この値は目的に応じて適切に選ぶことになるが，通常 95%, 99% に設定されることが多い．

一般に α を一定にとった場合，標本の大きさ n を大きくすれば信頼区間の幅 $d = L - U$ は狭くとることができる．この幅は推定の誤差を表すと考えられ，一定の幅以下にするのに必要な n の大きさを求めることができる．

信頼係数の意味について触れておくことにする．母数 θ は定数（ランダムではない）であるから，標本の値を代入して求めた信頼区間 $[L, U]$ に入る確率は $0, 1$ のどちらかでしかない（入る，入らないはランダムではない）．その意味で「母数 θ が区間 $[L, U]$ に入る確率が $1 - \alpha$」というわけではない．(8.1) が主張するのは，「母数 θ が実現値より求めた区間から外れているとすると，得られている標本の出現確率はかなり小さく（α より小さい），ほぼ起こりえないことが起きてしまったことになる．従って母数が θ であるとするのは不合理である」ということである．これは有意水準 α の仮説検定を行うことに他ならない．つまり，仮説検定によって棄却される値を除外することによって得られた，**母数としてありえなくもない値の集まりが信頼区間**である．また信頼区間を求めるには，仮説検定（両側検定）の採択域を母数について解いて範囲を求めればよいことになる．

8.2 母分散が既知の場合の正規母集団に対する区間推定

母平均 μ に対する区間推定を考えてみよう．この場合の仮説検定の採択域は

$$-Z_{\alpha/2} \leq Z \leq Z_{\alpha/2}$$

であった．これを μ について解けば

$$\overline{X} - Z_{\alpha/2}\sqrt{\frac{\sigma^2}{n}} \leq \mu \leq \overline{X} + Z_{\alpha/2}\sqrt{\frac{\sigma^2}{n}}$$

を得る．従って，μ に対する信頼係数 $1 - \alpha$ の信頼区間は

$$\left[\overline{X} - Z_{\alpha/2}\sqrt{\frac{\sigma^2}{n}}, \overline{X} + Z_{\alpha/2}\sqrt{\frac{\sigma^2}{n}}\right] \tag{8.2}$$

で与えられることがわかる．

例題 8.1　ある箱（12 本入り）の鉛筆の長さを測定したところ，平均 $\overline{X} = 17.67$ cm という結果になった．測定結果は正規母集団であることを仮定し，母集団分布の分散は $\sigma^2 = 0.01$ であるとして，母平均について信頼係数 95% で区間推定せよ．

【解答】　(8.2) に

$$n = 12, \quad \overline{X} = 17.67, \quad \sigma^2 = 0.01, \quad Z_{0.05/2} = Z_{0.025} = 1.960$$

を代入すれば，信頼係数 99% 信頼区間は有効数字 4 桁で

$$[17.61, 17.73]$$

であることがわかる．□

問題 8.1　例題 8.1 と同じ設定の下，母平均 μ について信頼係数 99% の信頼区間を求めよ．なお数値は有効数字 4 桁で答えよ．

8.3　母分散が未知の場合の正規母集団に対する区間推定

母平均 μ に対する区間推定　母分散が未知の場合に，母平均 μ に対する区間推定を考えてみよう．この場合の仮説検定の採択域は

$$-t_{\alpha/2}(n-1) \leq t \leq t_{\alpha/2}(n-1)$$

であった．ただし t は t 統計量，つまり

$$t = \frac{\overline{X} - \mu}{\sqrt{s^2/n}}$$

である．これを μ について解けば

$$\overline{X} - t_{\alpha/2}(n-1)\sqrt{\frac{s^2}{n}} \leq \mu \leq \overline{X} + t_{\alpha/2}(n-1)\sqrt{\frac{s^2}{n}}$$

を得る．従って，μ に対する信頼係数 $1-\alpha$ の信頼区間は

$$\left[\overline{X} - t_{\alpha/2}(n-1)\sqrt{\frac{s^2}{n}}, \overline{X} + t_{\alpha/2}(n-1)\sqrt{\frac{s^2}{n}}\right] \tag{8.3}$$

で与えられることがわかる．

例題 8.2　あるパックに入っている 10 個の卵の重さをはかったところ,

61, 62, 64, 64, 68, 58, 63, 64, 66, 67 [g]

であった．このとき，卵の重さは正規母集団 $N(\mu, \sigma^2)$ に従うと仮定して母平均 μ を信頼係数 95% で区間推定せよ．

【解答】　計算すると標本平均および不偏分散は $\overline{X} = 63.7$ [g], $s^2 = 8.68$ [g^2] であることがわかる．数表（巻末付録 B.2 節）から $t_{0.05/2}(9) = t_{0.025}(9) = 2.262$ であるから，(8.3) に代入すれば，信頼係数 95% 信頼区間は

$$[61.59, 65.81]$$

であることがわかる．□

問題 8.2　ある工場における製品があり，その中から無作為抽出して得られた 20 個の重量を計測したところ

199.5, 199.8, 198.2, 199.1, 202.2, 200.6, 202.5, 199.2, 201.3, 202.4
202.2, 201.4, 202.8, 201.0, 198.1, 202.3, 200.9, 200.4, 202.6, 198.5 [g]

という結果を得た．重量は正規母集団 $N(\mu, \sigma^2)$ に従うと仮定して，母平均 μ に対する信頼係数 95% 信頼区間を求めよ．なお数値は有効数字 4 桁で答えよ．

母平均 σ^2 に対する区間推定　次に母分散 σ^2 に対しての区間推定を考えよう．不偏分散を s^2 とし

$$\chi^2 = \frac{(n-1)s^2}{\sigma^2}$$

とするとき，採択域は

$$\chi^2_{1-\alpha/2}(n-1) < \chi^2 < \chi^2_{\alpha/2}(n-1)$$

であった．これを σ^2 について解けば

$$\frac{(n-1)s^2}{\chi^2_{\alpha/2}(n-1)} \leq \sigma^2 \leq \frac{(n-1)s^2}{\chi^2_{1-\alpha/2}(n-1)}$$

を得る．従って，σ^2 に対する信頼係数 $1-\alpha$ の信頼区間は

$$\left[\frac{(n-1)s^2}{\chi^2_{\alpha/2}(n-1)}, \frac{(n-1)s^2}{\chi^2_{1-\alpha/2}(n-1)}\right] \tag{8.4}$$

で与えられることがわかる．

例題 8.3　例題 8.2 と同じ設定・データの下，母分散を信頼係数 95% で区間推定せよ．

【解答】　例題 8.2 で計算した通り，不偏分散は $s^2 = 8.68$ であることがわかっている．数表（巻末付録 B.3 節）から $\chi^2_{0.025}(9) = 19.0228$, $\chi^2_{0.975}(9) = 2.7004$ であるから，(8.4) に代入すれば，信頼係数 95% 信頼区間は

$$[4.11, 28.9]$$

であることがわかる．□

問題 8.3　問題 8.2 と同じ設定・データの下，母分散 σ^2 に対する信頼区間を信頼係数 95% で求めよ．なお数値は有効数字 4 桁で答えよ．

8.4　二項母集団に対する近似的な区間推定

二項母集団 $Bin(1, p)$ に対して，中心極限定理による近似的な仮説検定を紹介した．これに従って区間推定することを考えてみよう．

標本 X_i（$1 \leq i \leq n$）が二項分布 $Bin(1, p)$ に従うと仮定して，仮説検定の採択域は

$$-Z_{\alpha/2} \leq \frac{\overline{X} - p}{\sqrt{p(1-p)/n}} \leq Z_{\alpha/2} \tag{8.5}$$

であった．これを変形すると

$$(n + Z^2_{\alpha/2})p^2 + (-2n\overline{X} - Z^2_{\alpha/2})p + n\overline{X}^2 \leq 0$$

であるから，p について解くと

$$\frac{2\overline{X} + Z^2_{\alpha/2}/n - \sqrt{4Z^2_{\alpha/2}\overline{X}(1-\overline{X})/n + Z^4_{\alpha/2}/n^2}}{2(1 + Z^2_{\alpha/2}/n)}$$
$$\leq p \leq \frac{2\overline{X} + Z^2_{\alpha/2}/n + \sqrt{4Z^2_{\alpha/2}\overline{X}(1-\overline{X})/n + Z^4_{\alpha/2}/n^2}}{2(1 + Z^2_{\alpha/2}/n)}$$

を得る．今の場合，n は十分大という前提があり，また元々の仮説検定が近似的なものであったから，小さい項を無視することにより少し整理してみよう．

$\frac{1}{\sqrt{n}}$ の項のみを残して，$\frac{1}{n}$ の項を無視することにすれば

$$\overline{X} - Z_{\alpha/2}\sqrt{\frac{\overline{X}(1-\overline{X})}{n}} \leq p \leq \overline{X} + Z_{\alpha/2}\sqrt{\frac{\overline{X}(1-\overline{X})}{n}}$$

が得られる．従って

$$P\left(\overline{X} - Z_{\alpha/2}\sqrt{\frac{\overline{X}(1-\overline{X})}{n}} \leq p \leq \overline{X} + Z_{\alpha/2}\sqrt{\frac{\overline{X}(1-\overline{X})}{n}}\right) \fallingdotseq 1-\alpha$$

となり，p に対する信頼係数 $1-\alpha$ の信頼区間は

$$\left[\overline{X} - Z_{\alpha/2}\sqrt{\frac{\overline{X}(1-\overline{X})}{n}}, \overline{X} + Z_{\alpha/2}\sqrt{\frac{\overline{X}(1-\overline{X})}{n}}\right] \tag{8.6}$$

と，近似的にではあるが求めることができる．

注意 8.1 n が十分大であれば，大数の法則により $p \fallingdotseq \overline{X}$ と考えられるから，これにより (8.5) の分母にある p を $\overline{X}$ で置き換えることを考えてみよう．置き換えたものを p について解いてみれば，(8.6) がやはり得られる．

例題 8.4 1000 世帯に視聴率調査をしたところ，ある番組の視聴率は 20% であった．このとき，真の視聴率 p に対する信頼区間を信頼係数 95% で求めよ．

【解答】 (8.6) に

$$n = 1000, \quad \overline{X} = 0.2, \quad Z_{0.05/2} = Z_{0.025} = 1.960$$

を代入すれば，信頼係数 95% 信頼区間は

$$[0.175, 0.225] = [17.5\%, 22.5\%]$$

であることがわかる． □

問題 8.4 ある番組の視聴率調査を関東地区で行ったところ，調査世帯数 600 に対して 44.5% という結果を得た．真の視聴率を p とするとき，p に対する信頼区間を信頼係数 95% で求めよ．なお数値は有効数字 3 桁で答えよ．

例題 8.5　視聴率に対する信頼区間を信頼係数 95% で求めたとき，必ず幅が 1% 以内に収まるようにするには，調査世帯数はいくつ以上にすればよいか求めよ．

【解答】　関数 $f(p) = p(1-p)$ の $0 \leq p \leq 1$ における最大値は $p = \frac{1}{2}$ のときの $\frac{1}{4}$ であるから，$\overline{X} = \frac{1}{2}$ の場合に幅

$$2Z_{\alpha/2}\sqrt{\frac{\overline{X}(1-\overline{X})}{n}}$$

が 0.01（$= 1\%$）以下になる n を求めればよい．これを解くと

$$n \geq 38414.6$$

が得られ，調査世帯数を 38415 世帯以上にすればよいことがわかる．なお，p について「ある値より小さい」ことがわかっているなど，付帯する条件があれば調査世帯数はより少なく見積もることができる．　□

問題 8.5　視聴率に対する信頼区間を信頼係数 95% で求めたとき，必ず幅が 3% 以内に収まるようにするには，調査世帯数はいくつ以上にすればよいか．

8.5　ポアソン母集団に対する近似的な区間推定

ポアソン母集団 $Po(\lambda)$ に対して，中心極限定理による近似的な仮説検定を紹介した．これに従って区間推定することを考えてみよう．

標本 X_i（$1 \leq i \leq n$）がポアソン母集団 $Po(\lambda)$ に従うと仮定して，その採択域は

$$-Z_{\alpha/2} \leq \frac{\overline{X} - \lambda}{\sqrt{\lambda/n}} \leq Z_{\alpha/2}$$

であった．これを変形すると

$$n\lambda^2 + (-2n\overline{X} - Z_{\alpha/2}^2)\lambda + n\overline{X}^2 \leq 0$$

であるから，λ について解くと

$$\frac{2\overline{X} + Z_{\alpha/2}^2/n - \sqrt{4\overline{X}Z_{\alpha/2}^2/n + Z_{\alpha/2}^4/n^2}}{2}$$

$$\leq \lambda \leq \frac{2\overline{X} + Z_{\alpha/2}^2/n + \sqrt{4\overline{X}Z_{\alpha/2}^2/n + Z_{\alpha/2}^4/n^2}}{2}$$

を得る．今の場合もやはり n は十分大という前提があり，また元々の仮説検定が近似的なものであったから，小さい項を無視することにより少し整理してみよう．今度も $\frac{1}{\sqrt{n}}$ の項のみを残して，$\frac{1}{n}$ の項を無視することにすれば

$$\overline{X} - Z_{\alpha/2}\sqrt{\frac{\overline{X}}{n}} \leq \lambda \leq \overline{X} + Z_{\alpha/2}\sqrt{\frac{\overline{X}}{n}}$$

が得られる．従って

$$P\left(\overline{X} - Z_{\alpha/2}\sqrt{\frac{\overline{X}}{n}} \leq \lambda \leq \overline{X} + Z_{\alpha/2}\sqrt{\frac{\overline{X}}{n}}\right) \fallingdotseq 1 - \alpha$$

となり，λ に対する信頼係数 $1-\alpha$ の信頼区間は

$$\left[\overline{X} - Z_{\alpha/2}\sqrt{\frac{\overline{X}}{n}}, \overline{X} + Z_{\alpha/2}\sqrt{\frac{\overline{X}}{n}}\right] \tag{8.7}$$

と，近似的にではあるが求めることができる．

例題 8.6 ある工場で生産された工業製品について，100 ロットについて検査したところ，不良品の個数は 1 ロットあたり平均 4.50 個であった．1 ロットあたりの不良品の個数はポアソン母集団であることを仮定し，母平均 λ に対する信頼区間を信頼係数 95% で求めよ．

【解答】 (8.7) に

$$n = 100, \quad \overline{X} = 4.5, \quad Z_{0.05/2} = Z_{0.025} = 1.96$$

を代入すれば，信頼係数 95% 信頼区間は

$$[4.08, 4.92]$$

であることがわかる． □

問題 8.6 ある工業製品の歩留まりを調べるため，無作為抽出した 50 ロットの不良品の個数を調べたところ，1 ロットあたりの不良品の個数は平均 7.52 個であった．不良品の個数はポアソン母集団であることを仮定した上で，母平均 λ について，信頼係数 99% の信頼区間を求めよ．なお有効数字 3 桁で答えよ．

第8章　演習問題

演習 8.1　母分散 $\sigma^2 = 12$ の正規母集団から大きさ n の標本を抽出し，母平均 μ の信頼係数 95% の信頼区間を考える．区間の幅が 0.5 以下となるような，最小の整数 n の値を求めよ．

演習 8.2　ある箱に入っている梨から 15 個を無作為抽出し，それぞれの重量を計測したところ，

311.8, 309.0, 310.2, 310.3, 311.6, 319.3, 319.6, 318.3,
326.4, 315.6, 307.6, 315.6, 318.6, 306.2, 316.4 [g]

という結果を得た．重量は正規母集団 $N(\mu, \sigma^2)$ に従うと仮定して，以下の問いに答えよ．なお各数値は有効数字 4 桁で答えよ．

(1)　母平均 μ の信頼係数 95% の信頼区間を求めよ．

(2)　母分散 σ^2 の信頼係数 95% の信頼区間を求めよ．

演習 8.3　ある番組の視聴率調査を関東地区で行ったところ，調査世帯数 600 に対して 35.1% という結果を得た．真の視聴率を p とするとき，p に対する信頼区間を信頼係数 99% で求めよ．なお各数値は有効数字 3 桁で答えよ．

演習 8.4　ある事務所において，1 日の間にかかってきた電話の回数を 20 日にわたって計測したところ，平均 23.4 回という結果を得た．通話の回数はポアソン母集団 $Po(\lambda)$ に従うと仮定した上で，母平均 λ について，信頼係数 95% の信頼区間を求めよ．なお有効数字 3 桁で答えよ．

付　録

A.1 集合に関する復習

ここでは，確率を扱う上で必要となる集合の基礎についてまとめておく．

A.1.1 集　合

定義 A.1 特定の性質を持つものの集まりのことを**集合**という．また，集合に属するもののことをその集合の**元**（げん）という．a が集合 A の元であることを

$$a \in A$$

で表す．

定義 A.2 属する元がない集合を**空集合**といい，$\emptyset$ で表す．

定義 A.3 数の集合

集合 $\mathbb{N}$, $\mathbb{Z}$, $\mathbb{Q}$, $\mathbb{R}$ を次で定義する：

- 自然数全体のことを $\mathbb{N}$ で表す．
- 整数全体のことを $\mathbb{Z}$ で表す．
- 有理数全体のことを $\mathbb{Q}$ で表す．
- 実数全体のことを $\mathbb{R}$ で表す．

集合の元を列挙できるときは，それら元を中括弧の中に列挙して集合を表す．つまり，元 $a, b, c, \ldots$ からなる集合は

$$\{a, b, c, \ldots\}$$

と書く．

例 A.1　10 以下の自然数全体からなる集合は

$$\{1, 2, 3, 4, 5, 6, 7, 8, 9, 10\}$$

と表される．また正の偶数全体からなる集合は

$$\{2, 4, 6, \ldots\}$$

と表される． □

また条件 $C(x)$ を満たす x 全てからなる集合は

$$\{x \mid C(x)\}, \quad \{x; C(x)\}$$

のように表す．本書では後者の書き方を採用する．

例 A.2　10 以下の自然数全体からなる集合は

$$\{x \in \mathbb{N};\, 0 < x \leq 10\}$$

と表される．また正の偶数全体からなる集合は

$$\{x \in \mathbb{N};\, n \in \mathbb{N} \text{ が存在して，} x = 2n \text{ と表される}\}$$

と表される．後者のことを略記して

$$\{x \in \mathbb{N};\, x = 2n,\, n \in \mathbb{N}\}$$

と書くこともある． □

定義 A.4　包含関係

集合 A, B が

$$x \in A \Rightarrow x \in B, \quad \forall x \in A$$

を満たすとき，A は B に含まれる，B は A を含む，A は B の**部分集合**であるといい（全て同じ意味である），$A \subset B$ もしくは $B \supset A$ により表す（どちらも同じ意味である）．

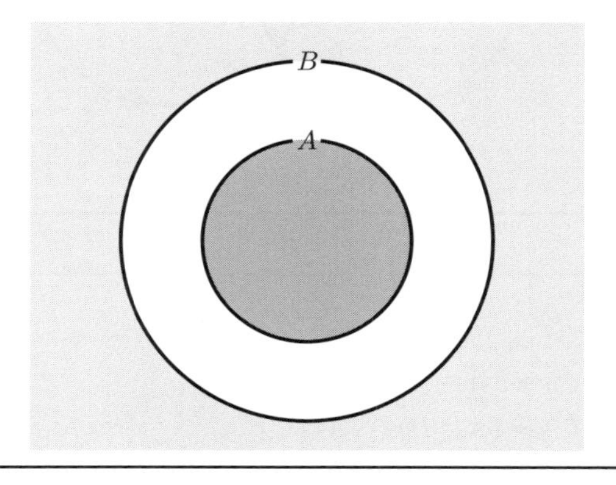

定義 A.5　和集合，共通部分

集合 A, B が与えられているとする．

(1)　A および B の元を全て含んでいて，それ以外の元は含まない集合のことを A と B の**和集合**といい，$A \cup B$ で表す．

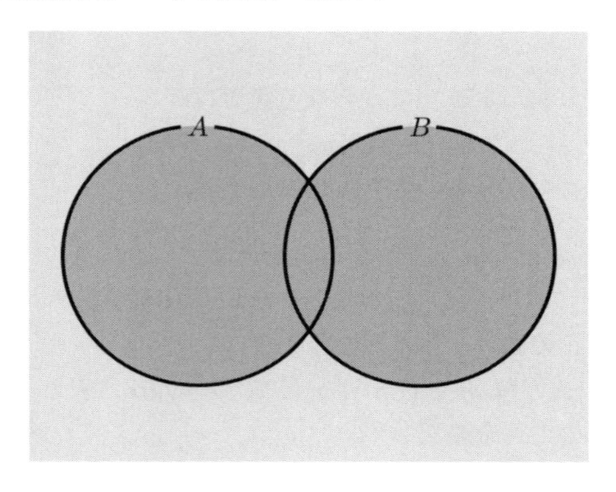

(2)　A および B のどちらにも共通に属する元全体を A と B の**共通部分**といい，$A \cap B$ で表す．

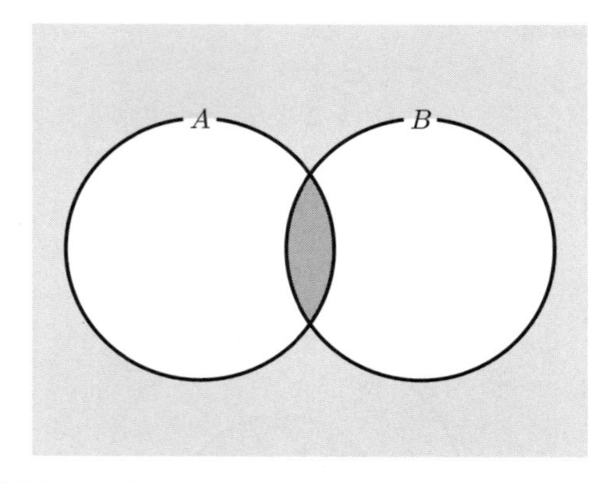

定理 A.1　分配則

集合 A, B, C に対し，次が成り立つ：

(1)　$A \cap (B \cup C) = (A \cap B) \cup (A \cap C)$

(2)　$A \cup (B \cap C) = (A \cup B) \cap (A \cup C)$

定義 A.6　補集合

集合 S を一定とし，その部分集合のみを考えることにする．このとき，集合 A に対し A の元ではない S の元全体のことを A の**補集合**といい，A^c で表す．また S のことを**全体集合**という．

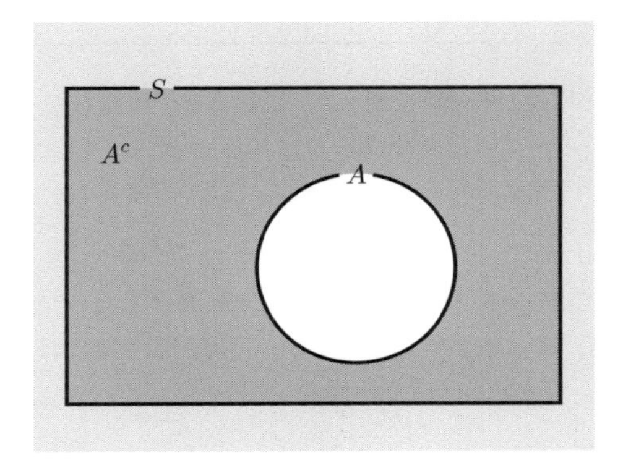

定理 A.2　ド・モルガンの法則

全体集合を S とする．集合 A, B は共に S の部分集合とする．このとき次が成り立つ：

(1)　$(A \cap B)^c = A^c \cup B^c$

(2)　$(A \cup B)^c = A^c \cap B^c$

A.1.2　有限集合・無限集合

定義 A.7　A は集合とする．

(1)　A が有限個の元しか持たないとき，A は**有限集合**であるという．

(2)　A が無限個の元を持つとき，A は**無限集合**であるという．

例 A.3　10 以下の自然数全体からなる集合

$$\{1, 2, 3, 4, 5, 6, 7, 8, 9, 10\}$$

は有限集合である．また正の偶数全体は無限集合である．なお本節冒頭で導入した $\mathbb{N}$, $\mathbb{Z}$, $\mathbb{Q}$, $\mathbb{R}$ は全て無限集合である．□

定義 A.8 A は集合とする.

(1) 無限集合 A の元に対し，漏れなく $1, 2, 3, \ldots$ と番号を振ることができるとき，A は可算無限集合であるという.

(2) A が可算無限集合もしくは有限集合であるとき，A は高々可算であるという.

注意 A.1 「全射・単射」の言葉を使うと，正確に述べることができる（参考文献[2]の p.89 参照）. 集合 A が高々可算であるとは，$\mathbb{N}$ から A への全射が存在することである. また集合 A が可算無限集合であるとは，$\mathbb{N}$ から A への全単射が存在することである.

例 A.4 証明は省略するが，$\mathbb{N}, \mathbb{Z}, \mathbb{Q}$ は可算無限集合である（元にうまく番号を振る方法がある）. 一方，$\mathbb{R}$ は無限集合であるが，可算無限集合ではない（番号を振ることができないぐらい，元が沢山ある）. □

A.2 一般の場合の包除公式

定理 1.1 において，包除公式と呼ばれる公式の簡単な場合を紹介した. ここでは，次に挙げる一般形の公式を証明してみよう. なお，この証明において 2.2 節で導入する期待値を用いているので，期待値について既習後に読まれることをおすすめする.

定理 A.3 事象 $A_1, \ldots, A_n$ に対し

$$
\begin{aligned}
P\left(\bigcup_{k=1}^{n} A_k\right) = &\sum_{k=1}^{n} P(A_k) \\
&- \sum_{k_1, k_2; k_1 < k_2} P(A_{k_1} \cap A_{k_2}) \\
&+ \sum_{k_1, k_2, k_3; k_1 < k_2 < k_3} P(A_{k_1} \cap A_{k_2} \cap A_{k_3}) \\
&- \cdots + (-1)^{n+1} P(A_1 \cap \cdots \cap A_n)
\end{aligned}
$$

が成り立つ.

この証明であるが，(3.1) で用いた指示関数を使って証明を与えよう. まず指示関数の性質を述べておく.

定理 A.4 指示関数

S を全体集合とし，A, B は S の部分集合とする．このとき，任意の $x \in S$ に対して以下が成り立つ．

(1) $1_{A^c}(x) = 1 - 1_A(x)$

(2) $1_{A \cap B}(x) = 1_A(x) 1_B(x)$

【証明】 (1) $x \in A$ か否かで場合分けする．

(a) $x \in A$ のとき

$1_A(x) = 1, 1_{A^c}(x) = 0$ であるから，右辺・左辺とも 0 となって成立する．

(b) $x \in A^c$ のとき

$1_A(x) = 0, 1_{A^c}(x) = 1$ であるから，右辺・左辺とも 1 となって成立する．

従って，$1_{A^c}(x) = 1 - 1_A(x)$ が常に成り立つ．

(2) $x \in S$ とする．$x \in A \cap B$ か否かで場合分けする．

(a) $x \in A \cap B$ のとき

$x \in A, x \in B$ が共に成り立つから，$1_A(x) = 1_B(x) = 1$ である．従って右辺・左辺とも 1 となって成立する．

(b) $x \in (A \cap B)^c$ のとき

ド・モルガンの法則から，$x \in A^c \cup B^c$ であり，すなわち $x \in A^c$ と $x \in B^c$ のどちらかが成り立つ．すなわち，$1_A(x) 1_B(x)$ は 0 であり，よって右辺・左辺とも 0 となって成立する． □

【定理 A.3 の証明】 定理 A.4 を用いると

$$\begin{aligned}
1_{\bigcup_{k=1}^n A_k} &= 1 - 1_{\left(\bigcup_{k=1}^n A_k\right)^c} \\
&= 1 - 1_{\bigcap_{k=1}^n A_k^c} \\
&= 1 - 1_{A_1^c} \cdots 1_{A_n^c} \\
&= 1 - (1 - 1_{A_1}) \cdots (1 - 1_{A_n}) \\
&= \sum_{k=1}^n 1_{A_k} - \sum_{k_1, k_2; k_1 < k_2} 1_{A_{k_1}} 1_{A_{k_2}} \\
&\quad + \sum_{k_1, k_2, k_3; k_1 < k_2 < k_3} 1_{A_{k_1} \cap A_{k_2} \cap A_{k_3}} \\
&\quad - \cdots + (-1)^{n+1} 1_{A_1 \cap \cdots \cap A_n}
\end{aligned}$$

と変形できる．ここで事象 A に対し

$$E[1_A] = 1 \cdot P(A) + 0 \cdot P(A^c) \\ = P(A)$$

となることに注意して両辺の期待値をとると

$$P\left(\bigcup_{k=1}^{n} A_k\right) = \sum_{k=1}^{n} P(A_k) - \sum_{k_1,k_2;k_1<k_2} P(A_{k_1} \cap A_{k_2}) \\ + \sum_{k_1,k_2,k_3;k_1<k_2<k_3} P(A_{k_1} \cap A_{k_2} \cap A_{k_3}) \\ - \cdots + (-1)^{n+1} P(A_1 \cap \cdots \cap A_n)$$

を得る. □

A.3 分散投資の方法

例 4.1 において, 分散投資をすることにより分散を小さくできることを述べた. ここでは, どのように分散投資すればトータルの分散を小さくできるか考えてみよう. なお本節では多変数の微分を使うので, 既習後に読まれることをおすすめする.

1 万円投資したときの 1 年後の価値を表す確率変数 $X_1, \ldots, X_n$ があるとしよう. これらについて, 全ての期待値・分散は等しく, 独立であると仮定する. ただし, ここでは手元の 1 万円から投資する額は均等でなくてもよいものとしよう. 債権 X_k に投資する額を a_k 万円とする. このとき, $a_k \geq 0$ であって

$$a_1 + \cdots + a_n = 1 \tag{A.1}$$

となる. この設定では 1 年後の資産価値 Y は

$$Y = \sum_{k=1}^{n} a_k X_k$$

となる. この Y の期待値は例 4.1 の Y と同様

$$E[Y] = \sum_{k=1}^{n} a_k E[X_k] \\ = E[X_1]$$

である. また分散を計算してみると, 例 4.1 と同様の計算により

$$V[Y] = V[X_1] \sum_{k=1}^{n} a_k^2 \tag{A.2}$$

であることがわかる.

今求めたいのは，「(A.1) の下で (A.2) の最小値を与えるのはどのような $a_1, \ldots, a_n$ であるか」であった．ここでは，参考文献[1], [3]において紹介されている「ラグランジュの未定乗数法」を使って求めてみよう．表記を簡単にするため，関数 f, g を

$$f(a_1, \ldots, a_n) = \sum_{k=1}^{n} a_k^2,$$

$$g(a_1, \ldots, a_n) = a_1 + \cdots + a_n - 1$$

により導入しておく．

$$\frac{\partial g}{\partial a_1} = 1 \neq 0$$

であることに注意すると，$(a_1, \ldots, a_n)$ において f が極値をとるならば

$$\begin{pmatrix} \frac{\partial f}{\partial a_1} \\ \vdots \\ \frac{\partial f}{\partial a_k} \end{pmatrix} = \lambda \begin{pmatrix} \frac{\partial g}{\partial a_1} \\ \vdots \\ \frac{\partial g}{\partial a_k} \end{pmatrix}$$

となる λ が存在する．つまり

$$\begin{pmatrix} 2a_1 \\ \vdots \\ 2a_n \end{pmatrix} = \lambda \begin{pmatrix} 1 \\ \vdots \\ 1 \end{pmatrix}$$

を満たす λ が存在する．これと

$$g(a_1, \ldots, a_n) = 0$$

を連立させて解くと

$$\lambda = \frac{2}{n}, \quad a_1 = \cdots = a_n = \frac{1}{n}$$

を得る．つまり極値をとる点がもしあるとしても，この 1 点に限られることが示された．f が狭義凸関数であり，集合

$$\left\{(a_1, \ldots, a_n) \in \mathbb{R}^n; a_1, \ldots, a_n \geq 0,\, g(a_1, \ldots, a_n) = 0\right\}$$

が有界閉集合でなおかつ凸集合であることに注意すると，f はこの集合上で最小値を持ち，なおかつ最小値は極値でもあることがわかる．従って

$$a_1 = \cdots = a_n = \frac{1}{n}$$

において最小値をとることが示された．以上から，トータルの分散を小さくしたいのであれば，均等に配分するのが最良である．

ここでの計算は，母平均の推定量（6.3 節）に関する次の事実も示している．

定理 A.5 $X_1, \ldots, X_n$ はある母集団における標本とする．また母平均 μ および母分散 σ^2 は有限であると仮定する．このとき，$X_1, \ldots, X_n$ の線形結合で表される母平均の推定量

$$\widehat{\mu}(X_1, \ldots, X_n) = \sum_{k=1}^{n} a_k X_k$$

で

$$E[\widehat{\mu}] = \mu$$

を満たすもののうち，分散が最小となるのは標本平均に限る．

注意 A.2 正規母集団・二項母集団・ポアソン母集団の場合，母平均 μ の推定量であって $E[\widehat{\mu}] = \mu$ を満たすもの（標本の線形結合で表されていることは仮定しない）のうち，分散が最小になるのは標本平均に限られることも知られている．詳しくは参考文献[5], [6]などを参照されたい．

A.4 正規分布の諸性質

この節では，6.4 節では証明を省略した定理 6.5, 6.6 について，証明を与える．なお本節では多変数の積分や線形代数の知識を使うので，それらの既習後に読まれることをおすすめする．

A.4.1 t 分布

t 統計量の標本分布が t 分布であることを定理 6.6 で述べたが，この t 分布がどのような場合に現れるかをまず示しておこう．

定理 A.6 確率変数 Y, Z は以下の条件を満たすと仮定する：

(1) Y と Z は独立である．

(2) $Y \sim \chi^2(k)$

(3) $Z \sim N(0, 1)$

このとき，

$$t = \frac{Z}{\sqrt{Y/k}}$$

は自由度 k の t 分布 $t(k)$ に従う．

【証明】 上で定義した確率変数 t の分布関数を経由して，密度関数を求めよう．まず，

$$P(t \leq x) = P\left(\frac{Z}{\sqrt{Y/k}} \leq x\right)$$
$$= P\left(Z \leq x\sqrt{\frac{Y}{k}}\right)$$

となることに注意する．ここで，Y と Z の独立性から，これらの同時密度関数は積の形で表される．すなわち同時密度関数は

$$\frac{1}{\sqrt{2\pi}} \exp\left(-\frac{1}{2}\,z^2\right) f_{1/2,k/2}(y)$$

で与えられる．ただし，$f_{1/2,k/2}$ は自由度 k の χ^2 分布の密度関数である．従って t の分布関数は

$$P(t \leq x) = \int_{\mathbb{R}^2} \frac{1}{\sqrt{2\pi}} \exp\left(-\frac{1}{2}\,z^2\right) f_{1/2,k/2}(y) 1_{z \leq x\sqrt{y/k}}\,dz\,dy$$

と表される．これを逐次積分の形に書き換えると

$$P(t \leq x) = \int_0^\infty \int_{-\infty}^{x\sqrt{y/k}} \frac{1}{\sqrt{2\pi}} \exp\left(-\frac{1}{2}\,z^2\right) f_{1/2,k/2}(y)\,dz\,dy$$

となる．ここで積分順序を入れ替えてから微分すると

$$\frac{d}{dx} P(t \leq x)$$
$$= \int_0^\infty \frac{1}{\sqrt{2\pi}} \exp\left(-\frac{1}{2}\left(x\sqrt{\frac{y}{k}}\right)^2\right) \sqrt{\frac{y}{k}}\, f_{1/2,k/2}(y)\,dy$$

であり，ガンマ分布の密度関数の形に注意して右辺の被積分関数を整理すれば

$$\frac{d}{dx} P(t \leq x)$$
$$= \int_0^\infty \frac{1}{\sqrt{2\pi}\,\sqrt{k}\,2^{k/2}\,\Gamma(k/2)} \left(\frac{x^2}{2k} + \frac{1}{2}\right)^{-(k+1)/2} \Gamma\left(\frac{k+1}{2}\right)$$
$$\times f_{(k+1)/2,x^2/(2k)+1/2}(y)\,dy$$
$$= \frac{\Gamma((k+1)/2)}{\sqrt{\pi}\,\sqrt{k}\,\Gamma(k/2)} \left(\frac{x^2}{k} + 1\right)^{-(k+1)/2}$$

を得る．ここでベータ関数の性質

$$B(\alpha, \beta) = \frac{\Gamma(\alpha)\Gamma(\beta)}{\Gamma(\alpha + \beta)}$$

と $\Gamma(\frac{1}{2})=\sqrt{\pi}$ に注意すれば

$$\frac{d}{dx}P(t\leq x)=\frac{\Gamma((k+1)/2)}{\sqrt{2\pi}\sqrt{k}\,2^{k/2}\Gamma(k/2)}\left(\frac{x^2}{2k}+\frac{1}{2}\right)^{-(k+1)/2}$$

$$=\frac{1}{\sqrt{k}\,B(k/2,1/2)}\left(\frac{x^2}{k}+1\right)^{-(k+1)/2}$$

となることがわかり，結論が得られた． □

A.4.2 標本平均と不偏分散

不偏分散や t 統計量の関係について証明を端折って紹介したが，ここではそれらに証明を与えることにしよう．なお，線形代数の知識（対称行列・直交行列の性質，行列の対角化など）を用いることはあらかじめお断りしておく．

定理 A.7 不偏分散の標本分布

$X_1,\ldots,X_n$ を正規母集団 $N(\mu,\sigma^2)$ からの標本とし，$\overline{X}$ はその標本平均とすると

$$\chi^2=\sum_{i=1}^{n}\left(\frac{X_i-\overline{X}}{\sigma}\right)^2$$

$$=\frac{n-1}{\sigma^2}\,s^2$$

は自由度 $n-1$ の χ^2 分布 $\chi^2(n-1)$ に従う．

この定理を証明する準備として，独立な標準正規分布の列を考えたとき，回転などを表す直交行列による変換を施しても再び独立な標準正規分布の列になることを示しておく．

補題 A.8 $X_1,\ldots,X_n$ は独立であり，全て標準正規分布 $N(0,1)$ に従うと仮定する．また P は n 次直交行列と仮定する．このとき，$\boldsymbol{X}={}^t(X_1,\ldots,X_n)$ に対し $\boldsymbol{Z}={}^t(Z_1,\ldots,Z_n)$ を

$$\boldsymbol{Z}=P\boldsymbol{X}$$

で定めると，$Z_1,\ldots,Z_n$ は再び独立となり，全て標準正規分布 $N(0,1)$ に従う．

【証明】 まず $X_1,\ldots,X_n$ の同時密度関数は

$$\frac{1}{(2\pi)^{d/2}}\exp\left(-\frac{1}{2}\,|\boldsymbol{x}|^2\right)$$

であることに注意する．ただし $\boldsymbol{x} = {}^t(x_1, \ldots, x_n)$ であり

$$|\boldsymbol{x}| = \sqrt{\sum_{k=1}^{n} |x_k|^2}$$

とする．よって任意の $F\colon \mathbb{R}^d \to \mathbb{R}$ に対して

$$\begin{aligned} E\bigl[F(\boldsymbol{Z})\bigr] &= E\bigl[F(P\boldsymbol{X})\bigr] \\ &= \int_{\mathbb{R}^d} F(P\boldsymbol{x}) \frac{1}{(2\pi)^{d/2}} \exp\left(-\frac{1}{2}|\boldsymbol{x}|^2\right) dx_1 \cdots dx_n \end{aligned}$$

である．ここで

$$\boldsymbol{z} = P\boldsymbol{x}, \quad \boldsymbol{z} = {}^t(z_1, \ldots, z_n)$$

と変数変換すれば，P が直交行列であることより $|\det P| = 1$ であり，$|P^{-1}\boldsymbol{z}| = |\boldsymbol{z}|$ であることに注意すると

$$\begin{aligned} E\bigl[F(\boldsymbol{Z})\bigr] &= \int_{\mathbb{R}^d} F(\boldsymbol{z}) \frac{1}{(2\pi)^{d/2}} \exp\left(-\frac{1}{2}|P^{-1}\boldsymbol{z}|^2\right) |\det P^{-1}|\, dz_1 \cdots dz_n \\ &= \int_{\mathbb{R}^d} F(\boldsymbol{z}) \frac{1}{(2\pi)^{d/2}} \exp\left(-\frac{1}{2}|\boldsymbol{z}|^2\right) dz_1 \cdots dz_n \end{aligned}$$

であることがわかる．よって定理 3.3 より，$Z_1, \ldots, Z_n$ の同時密度関数は

$$\frac{1}{(2\pi)^{d/2}} \exp\left(-\frac{1}{2}|\boldsymbol{z}|^2\right)$$

であることが示された．ゆえに $Z_1, \ldots, Z_n$ は独立な標準正規分布に従う確率変数である． □

【定理 A.7 の証明】　線形写像 $A\colon \mathbb{R}^n \to \mathbb{R}^n$ を次で定める：

$$\boldsymbol{x} := {}^t(x_1, \ldots, x_n) \mapsto {}^t(x_1 - \overline{x}, \ldots, x_n - \overline{x}) =: \boldsymbol{y}$$

ただし，$\overline{x} = \sum_{k=1}^n x_k$ とする．なお，A を表す行列も再び A で表すことにする．このとき，A は対称であり $A^2 = A$ が成り立つことに注意しておく．

$A^2 = A$ より A の固有値は $0, 1$ である．固有値 0 に対する固有ベクトルの一つとして ${}^t(1, \ldots, 1)$ がとれるが，これと直交するベクトルは固有値 1 の固有空間に属することがわかる．このことから，固有値 0 に対する固有空間の次元は 1 であり，よって固有値 1 に対する固有空間の次元は $n-1$ である．従って

$$P^{-1}AP = \begin{pmatrix} 1 & & & \\ & \ddots & & \\ & & 1 & \\ & & & 0 \end{pmatrix} =: D \tag{A.3}$$

となる直交行列 P が存在する．従って

$$\begin{aligned}\sum_{k=1}^{n}(x_k - \overline{x}\,)^2 &= |\boldsymbol{y}|^2 = |A\boldsymbol{x}|^2 \\ &= |PDP^{-1}\boldsymbol{x}|^2\end{aligned}$$

を得る．さらに，P が直交行列であることから

$$|P\boldsymbol{z}|^2 = |\boldsymbol{z}|^2$$

が任意の $\boldsymbol{z} \in \mathbb{R}^d$ に対して成立することに注意すれば

$$\sum_{k=1}^{n}(x_k - \overline{x}\,)^2 = |DP^{-1}\boldsymbol{x}|^2$$

を得る．ゆえに $X_1, \ldots, X_n$ に対して上を適用すれば，$\boldsymbol{X} = {}^t(X_1, \ldots, X_n)$ とおくとき

$$\sum_{k=1}^{n}(X_k - \overline{X}\,)^2 = |DP^{-1}\boldsymbol{X}|^2$$

となることがわかる．ここで $\boldsymbol{Z} = {}^t(Z_1, \ldots, Z_n)$ を

$$\boldsymbol{Z} = P^{-1}\boldsymbol{X}$$

で定めると，D の形状から

$$\sum_{k=1}^{n}(X_k - \overline{X})^2 = Z_1^2 + \cdots + Z_{n-1}^2$$

が成り立つ．ここで補題 A.8 より，$Z_1, \ldots, Z_n$ は独立で全て標準正規分布に従うのだから，定理 6.4 より右辺は自由度 $n-1$ の χ^2 分布に従うことがわかる． □

次に，正規母集団の場合に t 統計量が t 分布に従うことを示そう．

定理 A.9　t 統計量の標本分布

正規母集団 $N(\mu, \sigma^2)$ からの標本 $X_1, \dots, X_n$ に対して，その t 統計量は自由度 $n-1$ の t 分布 $t(n-1)$ に従う．

【証明】　Y, Z を

$$Y = \frac{(n-1)s^2}{\sigma^2}, \quad Z = \frac{\overline{X} - \mu}{\sqrt{\sigma^2/n}}$$

により定めれば，t 統計量の定義により

$$t = \frac{Z}{\sqrt{Y/(n-1)}}$$

となる．ここで $Z \sim N(0,1)$ であり，定理 A.7 から $Y \sim \chi^2(n-1)$ であるから，Z, Y が独立になることを示せば定理 A.6 によって結論が得られる．以下，Z, Y が独立であることを示そう．

ここでは次の事実を認めることとする：

任意の有界連続関数 F, G に対して

$$E\big[F(Y)G(Z)\big] = E\big[F(Y)\big]E\big[G(Z)\big] \tag{A.4}$$

が成り立つならば Y, Z は独立．

以下，(A.4) を確かめよう．A を定理 A.7 の証明で用いた線形写像（行列）とし，線形写像 $B\colon \mathbb{R}^n \to \mathbb{R}^n$ を $B = I - A$ で定める．ただし，$I\colon \mathbb{R}^n \to \mathbb{R}^n$ は $\mathbb{R}^n$ における恒等写像である．A と同様，B を表す行列も再び B で表すことにする．

このとき，A は自分自身の固有値 1 に対する固有空間 W_1 への射影，B は A の固有値 0 に対する固有空間 W_0 への射影となっている．W_1 の正規直交基底 $\boldsymbol{e}_1, \dots, \boldsymbol{e}_{n-1}$ および W_0 の正規直交基底 $\boldsymbol{e}_n$ をとると

$$A\boldsymbol{x} = \sum_{k=1}^{n-1} (\boldsymbol{x}, \boldsymbol{e}_k)\boldsymbol{e}_k,$$

$$B\boldsymbol{x} = (\boldsymbol{x}, \boldsymbol{e}_n)\boldsymbol{e}_n$$

と表される．なお，(A.3) を満たす直交行列の一つが $P = (\boldsymbol{e}_1, \dots, \boldsymbol{e}_n)$ により定めたものである．

さて $\boldsymbol{X} = {}^t(X_1, \dots, X_n)$ とおくとき，Y, Z は $A\boldsymbol{X}$, $B\boldsymbol{X}$ の関数であるから，それぞれ

$$Y = f(A\boldsymbol{X}), \quad Z = g(B\boldsymbol{X})$$

とおくと

$$A + B = I, \quad AB = 0$$

から

$$
\begin{aligned}
&E\big[F(Y)G(Z)\big] \\
&\quad = E\big[F(f(A\boldsymbol{X}))G(g(B\boldsymbol{X}))\big] \\
&\quad = \int_{\mathbb{R}^n} F\big(f(A\boldsymbol{x})\big)G\big(g(B\boldsymbol{x})\big)\frac{1}{(2\pi)^{n/2}}\exp\left(-\frac{1}{2}|\boldsymbol{x}|^2\right)dx_1\cdots dx_n \\
&\quad = \int_{\mathbb{R}^n} F\big(f(A\boldsymbol{x})\big)G\big(g(B\boldsymbol{x})\big) \\
&\qquad \times \frac{1}{(2\pi)^{n/2}}\exp\left(-\frac{1}{2}|A\boldsymbol{x}|^2\right)\exp\left(-\frac{1}{2}|B\boldsymbol{x}|^2\right)dx_1\cdots dx_n
\end{aligned}
$$

となる．ここで，先ほど準備した P を用いて

$$
\boldsymbol{x} = P\boldsymbol{u}, \quad \boldsymbol{u} = {}^t(u_1, \ldots, u_n)
$$

と変数変換，つまり

$$
\boldsymbol{x} = u_1\boldsymbol{e}_1 + \cdots + u_n\boldsymbol{e}_n
$$

としよう．このとき上にある A, B の表記から

$$
A\boldsymbol{x} = u_1\boldsymbol{e}_1 + \cdots + u_{n-1}\boldsymbol{e}_{n-1}, \quad B\boldsymbol{x} = u_n\boldsymbol{e}_n
$$

が成り立ち，よって $A\boldsymbol{x}$ は u_n の値によらず，$B\boldsymbol{x}$ は $u_1, \ldots, u_{n-1}$ の値によらない．従って，$\widehat{\boldsymbol{u}} = {}^t(u_1, \ldots, u_{n-1}, 0)$ とし，$\check{\boldsymbol{u}} = {}^t(0, \ldots, 0, u_n)$ とすると，

$$
AP\boldsymbol{u} = AP\widehat{\boldsymbol{u}} = P\widehat{\boldsymbol{u}}, \quad BP\boldsymbol{u} = BP\check{\boldsymbol{u}} = P\check{\boldsymbol{u}}
$$

が成り立つ．従って $|\det P| = 1$ であることに注意して計算すると

$$
\begin{aligned}
&E\big[F(Y)G(Z)\big] \\
&\quad = \int_{\mathbb{R}^n} F\big(f(P\widehat{\boldsymbol{u}})\big)G\big(g(P\check{\boldsymbol{u}})\big) \\
&\qquad \times \frac{1}{(2\pi)^{n/2}}\exp\left(-\frac{1}{2}(P\widehat{\boldsymbol{u}}, P\widehat{\boldsymbol{u}})\right)\exp\left(-\frac{1}{2}(P\check{\boldsymbol{u}}, P\check{\boldsymbol{u}})\right)du_1\cdots du_n \\
&\quad = \int_{\mathbb{R}^{n-1}} F\big(f(P\widehat{\boldsymbol{u}})\big)\frac{1}{(2\pi)^{(n-1)/2}}\exp\left(-\frac{1}{2}(P\widehat{\boldsymbol{u}}, P\widehat{\boldsymbol{u}})\right)du_1\cdots du_{n-1} \\
&\qquad \times \int_{\mathbb{R}} G\big(g(P\check{\boldsymbol{u}})\big)\frac{1}{(2\pi)^{1/2}}\exp\left(-\frac{1}{2}(P\check{\boldsymbol{u}}, P\check{\boldsymbol{u}})\right)du_n
\end{aligned}
$$

が得られる．これを $F \equiv 1$ に対して適用したものと，$G \equiv 1$ を適用したものを考えることにより，(A.4) を得る． □

数　　表

第6章において導入した $Q(x)$ (p.138)，Z_α（定義 6.1），$\chi^2_\alpha(k)$（定義 6.3），$t_\alpha(k)$（定義 6.6）について，それぞれ数表を用意した．定義については本文第6章で述べているので，そちらを参照されたい．

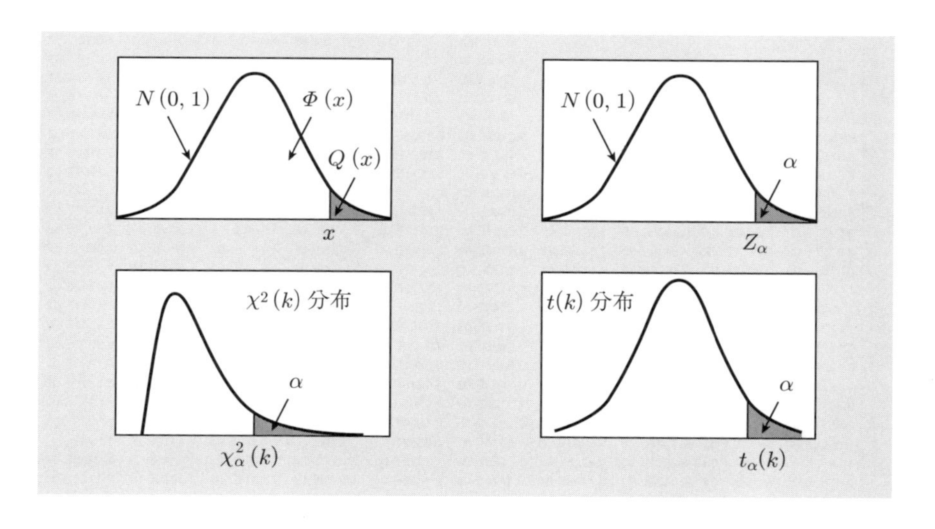

なお，コンピュータを使用して計算する場合，あらかじめ該当する関数が用意されていることがある．例えば，Microsoft Excel 2010（Windows）や Excel 2011（Mac）以降であれば `NORM.DIST`, `NORM.INV`, `CHISQ.INV`, `T.INV` 関数が用意されている．それらを使用すれば，ここで用意されている数表を使わずとも値を求めることができる．他の表計算ソフトウェアにおいても，上記とは関数名が異なる可能性があるが，同等の関数が用意されていることが多い．また，Mathematica に代表される数式処理ソフトウェアでも同様の計算が可能である．ただし，これらの関数を使用する際には，その関数がどのような仕様であるかを事前に確認しておく必要がある．

B.1 正規分布表（上側確率）

以下は p.138 において導入した $Q(x)$ の数表である．なお，小数第 1 位までは左の見出し，小数点第 2 位は上の見出しによる．例えば，$x = 2.21$ のときの値は 2.2 の行，0.01 の列の数値を読み，1.3553E−02 つまり 1.3553×10^{-2} であることがわかる．

	0.00	0.01	0.02	0.03	0.04	0.05	0.06	0.07	0.08	0.09
0.0	0.500000	0.496011	0.492022	0.488034	0.484047	0.480061	0.476078	0.472097	0.468119	0.464144
0.1	0.460172	0.456205	0.452242	0.448283	0.444330	0.440382	0.436441	0.432505	0.428576	0.424655
0.2	0.420740	0.416834	0.412936	0.409046	0.405165	0.401294	0.397432	0.393580	0.389739	0.385908
0.3	0.382089	0.378280	0.374484	0.370700	0.366928	0.363169	0.359424	0.355691	0.351973	0.348268
0.4	0.344578	0.340903	0.337243	0.333598	0.329969	0.326355	0.322758	0.319178	0.315614	0.312067
0.5	0.308538	0.305026	0.301532	0.298056	0.294599	0.291160	0.287740	0.284339	0.280957	0.277595
0.6	0.274253	0.270931	0.267629	0.264347	0.261086	0.257846	0.254627	0.251429	0.248252	0.245097
0.7	0.241964	0.238852	0.235762	0.232695	0.229650	0.226627	0.223627	0.220650	0.217695	0.214764
0.8	0.211855	0.208970	0.206108	0.203269	0.200454	0.197663	0.194895	0.192150	0.189430	0.186733
0.9	0.184060	0.181411	0.178786	0.176186	0.173609	0.171056	0.168528	0.166023	0.163543	0.161087
1.0	0.158655	0.156248	0.153864	0.151505	0.149170	0.146859	0.144572	0.142310	0.140071	0.137857
1.1	0.135666	0.133500	0.131357	0.129238	0.127143	0.125072	0.123024	0.121000	0.119000	0.117023
1.2	0.115070	0.113139	0.111232	0.109349	0.107488	0.105650	0.103835	0.102042	0.100273	9.8525E-02
1.3	9.6800E-02	9.5098E-02	9.3418E-02	9.1759E-02	9.0123E-02	8.8508E-02	8.6915E-02	8.5343E-02	8.3793E-02	8.2264E-02
1.4	8.0757E-02	7.9270E-02	7.7804E-02	7.6359E-02	7.4934E-02	7.3529E-02	7.2145E-02	7.0781E-02	6.9437E-02	6.8112E-02
1.5	6.6807E-02	6.5522E-02	6.4255E-02	6.3008E-02	6.1780E-02	6.0571E-02	5.9380E-02	5.8208E-02	5.7053E-02	5.5917E-02
1.6	5.4799E-02	5.3699E-02	5.2616E-02	5.1551E-02	5.0503E-02	4.9471E-02	4.8457E-02	4.7460E-02	4.6479E-02	4.5514E-02
1.7	4.4565E-02	4.3633E-02	4.2716E-02	4.1815E-02	4.0930E-02	4.0059E-02	3.9204E-02	3.8364E-02	3.7538E-02	3.6727E-02
1.8	3.5930E-02	3.5148E-02	3.4380E-02	3.3625E-02	3.2884E-02	3.2157E-02	3.1443E-02	3.0742E-02	3.0054E-02	2.9379E-02
1.9	2.8717E-02	2.8067E-02	2.7429E-02	2.6803E-02	2.6190E-02	2.5588E-02	2.4998E-02	2.4419E-02	2.3852E-02	2.3295E-02
2.0	2.2750E-02	2.2216E-02	2.1692E-02	2.1178E-02	2.0675E-02	2.0182E-02	1.9699E-02	1.9226E-02	1.8763E-02	1.8309E-02
2.1	1.7864E-02	1.7429E-02	1.7003E-02	1.6586E-02	1.6177E-02	1.5778E-02	1.5386E-02	1.5003E-02	1.4629E-02	1.4262E-02
2.2	1.3903E-02	1.3553E-02	1.3209E-02	1.2874E-02	1.2545E-02	1.2224E-02	1.1911E-02	1.1604E-02	1.1304E-02	1.1011E-02
2.3	1.0724E-02	1.0444E-02	1.0170E-02	9.9031E-03	9.6419E-03	9.3867E-03	9.1375E-03	8.8940E-03	8.6563E-03	8.4242E-03
2.4	8.1975E-03	7.9763E-03	7.7603E-03	7.5494E-03	7.3436E-03	7.1428E-03	6.9469E-03	6.7557E-03	6.5691E-03	6.3872E-03
2.5	6.2097E-03	6.0366E-03	5.8677E-03	5.7031E-03	5.5426E-03	5.3861E-03	5.2336E-03	5.0849E-03	4.9400E-03	4.7988E-03
2.6	4.6612E-03	4.5271E-03	4.3965E-03	4.2692E-03	4.1453E-03	4.0246E-03	3.9070E-03	3.7926E-03	3.6811E-03	3.5726E-03
2.7	3.4670E-03	3.3642E-03	3.2641E-03	3.1667E-03	3.0720E-03	2.9798E-03	2.8901E-03	2.8028E-03	2.7179E-03	2.6354E-03
2.8	2.5551E-03	2.4771E-03	2.4012E-03	2.3274E-03	2.2557E-03	2.1860E-03	2.1182E-03	2.0524E-03	1.9884E-03	1.9262E-03
2.9	1.8658E-03	1.8071E-03	1.7502E-03	1.6948E-03	1.6411E-03	1.5889E-03	1.5382E-03	1.4890E-03	1.4412E-03	1.3949E-03
3.0	1.3499E-03	1.3062E-03	1.2639E-03	1.2228E-03	1.1829E-03	1.1442E-03	1.1067E-03	1.0703E-03	1.0350E-03	1.0008E-03
3.1	9.6760E-04	9.3544E-04	9.0426E-04	8.7403E-04	8.4474E-04	8.1635E-04	7.8885E-04	7.6219E-04	7.3638E-04	7.1136E-04
3.2	6.8714E-04	6.6367E-04	6.4095E-04	6.1895E-04	5.9765E-04	5.7703E-04	5.5706E-04	5.3774E-04	5.1904E-04	5.0094E-04
3.3	4.8342E-04	4.6648E-04	4.5009E-04	4.3423E-04	4.1889E-04	4.0406E-04	3.8971E-04	3.7584E-04	3.6243E-04	3.4946E-04
3.4	3.3693E-04	3.2481E-04	3.1311E-04	3.0179E-04	2.9086E-04	2.8029E-04	2.7009E-04	2.6023E-04	2.5071E-04	2.4151E-04
3.5	2.3263E-04	2.2405E-04	2.1577E-04	2.0778E-04	2.0006E-04	1.9262E-04	1.8543E-04	1.7849E-04	1.7180E-04	1.6534E-04
3.6	1.5911E-04	1.5310E-04	1.4730E-04	1.4171E-04	1.3632E-04	1.3112E-04	1.2611E-04	1.2128E-04	1.1662E-04	1.1213E-04
3.7	1.0780E-04	1.0363E-04	9.9611E-05	9.5740E-05	9.2010E-05	8.8417E-05	8.4957E-05	8.1624E-05	7.8414E-05	7.5324E-05
3.8	7.2348E-05	6.9483E-05	6.6726E-05	6.4072E-05	6.1517E-05	5.9059E-05	5.6694E-05	5.4418E-05	5.2228E-05	5.0122E-05
3.9	4.8096E-05	4.6148E-05	4.4274E-05	4.2473E-05	4.0741E-05	3.9076E-05	3.7475E-05	3.5936E-05	3.4458E-05	3.3037E-05
4.0	3.1671E-05	3.0359E-05	2.9099E-05	2.7888E-05	2.6726E-05	2.5609E-05	2.4536E-05	2.3507E-05	2.2518E-05	2.1569E-05
4.1	2.0658E-05	1.9783E-05	1.8944E-05	1.8138E-05	1.7365E-05	1.6624E-05	1.5912E-05	1.5230E-05	1.4575E-05	1.3948E-05
4.2	1.3346E-05	1.2769E-05	1.2215E-05	1.1685E-05	1.1176E-05	1.0689E-05	1.0221E-05	9.7736E-06	9.3447E-06	8.9337E-06
4.3	8.5399E-06	8.1627E-06	7.8015E-06	7.4555E-06	7.1241E-06	6.8069E-06	6.5031E-06	6.2123E-06	5.9340E-06	5.6675E-06
4.4	5.4125E-06	5.1685E-06	4.9350E-06	4.7117E-06	4.4979E-06	4.2935E-06	4.0980E-06	3.9110E-06	3.7322E-06	3.5612E-06
4.5	3.3977E-06	3.2414E-06	3.0920E-06	2.9492E-06	2.8127E-06	2.6823E-06	2.5577E-06	2.4386E-06	2.3249E-06	2.2162E-06
4.6	2.1125E-06	2.0133E-06	1.9187E-06	1.8283E-06	1.7420E-06	1.6597E-06	1.5810E-06	1.5060E-06	1.4344E-06	1.3660E-06
4.7	1.3008E-06	1.2386E-06	1.1792E-06	1.1226E-06	1.0686E-06	1.0171E-06	9.6796E-07	9.2113E-07	8.7648E-07	8.3391E-07
4.8	7.9333E-07	7.5465E-07	7.1779E-07	6.8267E-07	6.4920E-07	6.1731E-07	5.8693E-07	5.5799E-07	5.3043E-07	5.0418E-07
4.9	4.7918E-07	4.5538E-07	4.3272E-07	4.1115E-07	3.9061E-07	3.7107E-07	3.5247E-07	3.3476E-07	3.1792E-07	3.0190E-07
5.0	2.8665E-07	2.7215E-07	2.5836E-07	2.4524E-07	2.3277E-07	2.2091E-07	2.0963E-07	1.9891E-07	1.8872E-07	1.7903E-07

B.2　t 分布表（パーセント点）

以下は定義 6.6 において導入した t 分布のパーセント点 $t_\alpha(k)$ の表である．なお，自由度 ∞ の欄は定義 6.1 において導入した標準正規分布のパーセント点 Z_α の表となっている．

自由度 \ α	0.250	0.200	0.150	0.100	0.050	0.025	0.010	0.005	0.0005
1	1.000	1.376	1.963	3.078	6.314	12.706	31.821	63.657	636.619
2	0.816	1.061	1.386	1.886	2.920	4.303	6.965	9.925	31.599
3	0.765	0.978	1.250	1.638	2.353	3.182	4.541	5.841	12.924
4	0.741	0.941	1.190	1.533	2.132	2.776	3.747	4.604	8.610
5	0.727	0.920	1.156	1.476	2.015	2.571	3.365	4.032	6.869
6	0.718	0.906	1.134	1.440	1.943	2.447	3.143	3.707	5.959
7	0.711	0.896	1.119	1.415	1.895	2.365	2.998	3.499	5.408
8	0.706	0.889	1.108	1.397	1.860	2.306	2.896	3.355	5.041
9	0.703	0.883	1.100	1.383	1.833	2.262	2.821	3.250	4.781
10	0.700	0.879	1.093	1.372	1.812	2.228	2.764	3.169	4.587
11	0.697	0.876	1.088	1.363	1.796	2.201	2.718	3.106	4.437
12	0.695	0.873	1.083	1.356	1.782	2.179	2.681	3.055	4.318
13	0.694	0.870	1.079	1.350	1.771	2.160	2.650	3.012	4.221
14	0.692	0.868	1.076	1.345	1.761	2.145	2.624	2.977	4.140
15	0.691	0.866	1.074	1.341	1.753	2.131	2.602	2.947	4.073
16	0.690	0.865	1.071	1.337	1.746	2.120	2.583	2.921	4.015
17	0.689	0.863	1.069	1.333	1.740	2.110	2.567	2.898	3.965
18	0.688	0.862	1.067	1.330	1.734	2.101	2.552	2.878	3.922
19	0.688	0.861	1.066	1.328	1.729	2.093	2.539	2.861	3.883
20	0.687	0.860	1.064	1.325	1.725	2.086	2.528	2.845	3.850
21	0.686	0.859	1.063	1.323	1.721	2.080	2.518	2.831	3.819
22	0.686	0.858	1.061	1.321	1.717	2.074	2.508	2.819	3.792
23	0.685	0.858	1.060	1.319	1.714	2.069	2.500	2.807	3.768
24	0.685	0.857	1.059	1.318	1.711	2.064	2.492	2.797	3.745
25	0.684	0.856	1.058	1.316	1.708	2.060	2.485	2.787	3.725
26	0.684	0.856	1.058	1.315	1.706	2.056	2.479	2.779	3.707
27	0.684	0.855	1.057	1.314	1.703	2.052	2.473	2.771	3.690
28	0.683	0.855	1.056	1.313	1.701	2.048	2.467	2.763	3.674
29	0.683	0.854	1.055	1.311	1.699	2.045	2.462	2.756	3.659
30	0.683	0.854	1.055	1.310	1.697	2.042	2.457	2.750	3.646
31	0.682	0.853	1.054	1.309	1.696	2.040	2.453	2.744	3.633
32	0.682	0.853	1.054	1.309	1.694	2.037	2.449	2.738	3.622
33	0.682	0.853	1.053	1.308	1.692	2.035	2.445	2.733	3.611
34	0.682	0.852	1.052	1.307	1.691	2.032	2.441	2.728	3.601
35	0.682	0.852	1.052	1.306	1.690	2.030	2.438	2.724	3.591
36	0.681	0.852	1.052	1.306	1.688	2.028	2.434	2.719	3.582
37	0.681	0.851	1.051	1.305	1.687	2.026	2.431	2.715	3.574
38	0.681	0.851	1.051	1.304	1.686	2.024	2.429	2.712	3.566
39	0.681	0.851	1.050	1.304	1.685	2.023	2.426	2.708	3.558
40	0.681	0.851	1.050	1.303	1.684	2.021	2.423	2.704	3.551
41	0.681	0.850	1.050	1.303	1.683	2.020	2.421	2.701	3.544
42	0.680	0.850	1.049	1.302	1.682	2.018	2.418	2.698	3.538
43	0.680	0.850	1.049	1.302	1.681	2.017	2.416	2.695	3.532
44	0.680	0.850	1.049	1.301	1.680	2.015	2.414	2.692	3.526
45	0.680	0.850	1.049	1.301	1.679	2.014	2.412	2.690	3.520
46	0.680	0.850	1.048	1.300	1.679	2.013	2.410	2.687	3.515
47	0.680	0.849	1.048	1.300	1.678	2.012	2.408	2.685	3.510
48	0.680	0.849	1.048	1.299	1.677	2.011	2.407	2.682	3.505
49	0.680	0.849	1.048	1.299	1.677	2.010	2.405	2.680	3.500
50	0.679	0.849	1.047	1.299	1.676	2.009	2.403	2.678	3.496
∞	0.674	0.842	1.036	1.282	1.645	1.960	2.326	2.576	3.291

■ B.3 χ^2 分布表（パーセント点）

以下は定義 6.3 において導入した χ^2 分布のパーセント点 $\chi^2_\alpha(k)$ の表である．

自由度 \ α	0.995	0.990	0.975	0.950	0.900	0.800	0.700	0.600	0.5000
1	3.9270E-05	1.5709E-04	9.8207E-04	3.9321E-03	1.5791E-02	6.4185E-02	1.4847E-01	2.7500E-01	4.5494E-01
2	1.0025E-02	2.0101E-02	5.0636E-02	1.0259E-01	2.1072E-01	4.4629E-01	7.1335E-01	1.0217	1.3863
3	7.1722E-02	0.1148	0.2158	0.3518	0.5844	1.0052	1.4237	1.8692	2.3660
4	0.2070	0.2971	0.4844	0.7107	1.0636	1.6488	2.1947	2.7528	3.3567
5	0.4117	0.5543	0.8312	1.1455	1.6103	2.3425	2.9999	3.6555	4.3515
6	0.6757	0.8721	1.2373	1.6354	2.2041	3.0701	3.8276	4.5702	5.3481
7	0.9893	1.2390	1.6899	2.1673	2.8331	3.8223	4.6713	5.4932	6.3458
8	1.3444	1.6465	2.1797	2.7326	3.4895	4.5936	5.5274	6.4226	7.3441
9	1.7349	2.0879	2.7004	3.3251	4.1682	5.3801	6.3933	7.3570	8.3428
10	2.1559	2.5582	3.2470	3.9403	4.8652	6.1791	7.2672	8.2955	9.3418
11	2.6032	3.0535	3.8157	4.5748	5.5778	6.9887	8.1479	9.2373	10.3410
12	3.0738	3.5706	4.4038	5.2260	6.3038	7.8073	9.0343	10.1820	11.3403
13	3.5650	4.1069	5.0088	5.8919	7.0415	8.6339	9.9257	11.1291	12.3398
14	4.0747	4.6604	5.6287	6.5706	7.7895	9.4673	10.8215	12.0785	13.3393
15	4.6009	5.2293	6.2621	7.2609	8.5468	10.3070	11.7212	13.0297	14.3389
16	5.1422	5.8122	6.9077	7.9616	9.3122	11.1521	12.6243	13.9827	15.3385
17	5.6972	6.4078	7.5642	8.6718	10.0852	12.0023	13.5307	14.9373	16.3382
18	6.2648	7.0149	8.2307	9.3905	10.8649	12.8570	14.4399	15.8932	17.3379
19	6.8440	7.6327	8.9065	10.1170	11.6509	13.7158	15.3517	16.8504	18.3377
20	7.4338	8.2604	9.5908	10.8508	12.4426	14.5784	16.2659	17.8088	19.3374
21	8.0337	8.8972	10.2829	11.5913	13.2396	15.4446	17.1823	18.7683	20.3372
22	8.6427	9.5425	10.9823	12.3380	14.0415	16.3140	18.1007	19.7288	21.3370
23	9.2604	10.1957	11.6886	13.0905	14.8480	17.1865	19.0211	20.6902	22.3369
24	9.8862	10.8564	12.4012	13.8484	15.6587	18.0618	19.9432	21.6525	23.3367
25	10.5197	11.5240	13.1197	14.6114	16.4734	18.9398	20.8670	22.6156	24.3366
26	11.1602	12.1981	13.8439	15.3792	17.2919	19.8202	21.7924	23.5794	25.3365
27	11.8076	12.8785	14.5734	16.1514	18.1139	20.7030	22.7192	24.5440	26.3363
28	12.4613	13.5647	15.3079	16.9279	18.9392	21.5880	23.6475	25.5093	27.3362
29	13.1211	14.2565	16.0471	17.7084	19.7677	22.4751	24.5770	26.4751	28.3361
30	13.7867	14.9535	16.7908	18.4927	20.5992	23.3641	25.5078	27.4416	29.3360
31	14.4578	15.6555	17.5387	19.2806	21.4336	24.2551	26.4397	28.4087	30.3359
32	15.1340	16.3622	18.2908	20.0719	22.2706	25.1478	27.3728	29.3763	31.3359
33	15.8153	17.0735	19.0467	20.8665	23.1102	26.0422	28.3069	30.3444	32.3358
34	16.5013	17.7891	19.8063	21.6643	23.9523	26.9383	29.2421	31.3130	33.3357
35	17.1918	18.5089	20.5694	22.4650	24.7967	27.8359	30.1782	32.2821	34.3356
36	17.8867	19.2327	21.3359	23.2686	25.6433	28.7350	31.1152	33.2517	35.3356
37	18.5858	19.9602	22.1056	24.0749	26.4921	29.6355	32.0532	34.2216	36.3355
38	19.2889	20.6914	22.8785	24.8839	27.3430	30.5373	32.9919	35.1920	37.3355
39	19.9959	21.4262	23.6543	25.6954	28.1958	31.4405	33.9315	36.1628	38.3354
40	20.7065	22.1643	24.4330	26.5093	29.0505	32.3450	34.8719	37.1340	39.3353
41	21.4208	22.9056	25.2145	27.3256	29.9071	33.2506	35.8131	38.1055	40.3353
42	22.1385	23.6501	25.9987	28.1440	30.7654	34.1574	36.7550	39.0774	41.3352
43	22.8595	24.3976	26.7854	28.9647	31.6255	35.0653	37.6975	40.0496	42.3352
44	23.5837	25.1480	27.5746	29.7875	32.4871	35.9743	38.6408	41.0222	43.3352
45	24.3110	25.9013	28.3662	30.6123	33.3504	36.8844	39.5847	41.9950	44.3351
46	25.0413	26.6572	29.1601	31.4390	34.2152	37.7955	40.5292	42.9682	45.3351
47	25.7746	27.4158	29.9562	32.2676	35.0814	38.7075	41.4744	43.9417	46.3350
48	26.5106	28.1770	30.7545	33.0981	35.9491	39.6205	42.4201	44.9154	47.3350
49	27.2493	28.9406	31.5549	33.9303	36.8182	40.5344	43.3664	45.8895	48.3350
50	27.9907	29.7067	32.3574	34.7643	37.6886	41.4492	44.3133	46.8638	49.3349

自由度 \ α	0.400	0.300	0.200	0.100	0.050	0.025	0.010	0.005	0.0010
1	7.0833E-01	1.0742	1.6424	2.7055	3.8415	5.0239	6.6349	7.8794	10.8276
2	1.8326	2.4079	3.2189	4.6052	5.9915	7.3778	9.2103	10.5966	13.8155
3	2.9462	3.6649	4.6416	6.2514	7.8147	9.3484	11.3449	12.8382	16.2662
4	4.0446	4.8784	5.9886	7.7794	9.4877	11.1433	13.2767	14.8603	18.4668
5	5.1319	6.0644	7.2893	9.2364	11.0705	12.8325	15.0863	16.7496	20.5150
6	6.2108	7.2311	8.5581	10.6446	12.5916	14.4494	16.8119	18.5476	22.4577
7	7.2832	8.3834	9.8032	12.0170	14.0671	16.0128	18.4753	20.2777	24.3219
8	8.3505	9.5245	11.0301	13.3616	15.5073	17.5345	20.0902	21.9550	26.1245
9	9.4136	10.6564	12.2421	14.6837	16.9190	19.0228	21.6660	23.5894	27.8772
10	10.4732	11.7807	13.4420	15.9872	18.3070	20.4832	23.2093	25.1882	29.5883
11	11.5298	12.8987	14.6314	17.2750	19.6751	21.9200	24.7250	26.7568	31.2641
12	12.5838	14.0111	15.8120	18.5493	21.0261	23.3367	26.2170	28.2995	32.9095
13	13.6356	15.1187	16.9848	19.8119	22.3620	24.7356	27.6882	29.8195	34.5282
14	14.6853	16.2221	18.1508	21.0641	23.6848	26.1189	29.1412	31.3193	36.1233
15	15.7332	17.3217	19.3107	22.3071	24.9958	27.4884	30.5779	32.8013	37.6973
16	16.7795	18.4179	20.4651	23.5418	26.2962	28.8454	31.9999	34.2672	39.2524
17	17.8244	19.5110	21.6146	24.7690	27.5871	30.1910	33.4087	35.7185	40.7902
18	18.8679	20.6014	22.7595	25.9894	28.8693	31.5264	34.8053	37.1565	42.3124
19	19.9102	21.6891	23.9004	27.2036	30.1435	32.8523	36.1909	38.5823	43.8202
20	20.9514	22.7745	25.0375	28.4120	31.4104	34.1696	37.5662	39.9968	45.3147
21	21.9915	23.8578	26.1711	29.6151	32.6706	35.4789	38.9322	41.4011	46.7970
22	23.0307	24.9390	27.3015	30.8133	33.9244	36.7807	40.2894	42.7957	48.2679
23	24.0689	26.0184	28.4288	32.0069	35.1725	38.0756	41.6384	44.1813	49.7282
24	25.1063	27.0960	29.5533	33.1962	36.4150	39.3641	42.9798	45.5585	51.1786
25	26.1430	28.1719	30.6752	34.3816	37.6525	40.6465	44.3141	46.9279	52.6197
26	27.1789	29.2463	31.7946	35.5632	38.8851	41.9232	45.6417	48.2899	54.0520
27	28.2141	30.3193	32.9117	36.7412	40.1133	43.1945	46.9629	49.6449	55.4760
28	29.2486	31.3909	34.0266	37.9159	41.3371	44.4608	48.2782	50.9934	56.8923
29	30.2825	32.4612	35.1394	39.0875	42.5570	45.7223	49.5879	52.3356	58.3012
30	31.3159	33.5302	36.2502	40.2560	43.7730	46.9792	50.8922	53.6720	59.7031
31	32.3486	34.5981	37.3591	41.4217	44.9853	48.2319	52.1914	55.0027	61.0983
32	33.3809	35.6649	38.4663	42.5847	46.1943	49.4804	53.4858	56.3281	62.4872
33	34.4126	36.7307	39.5718	43.7452	47.3999	50.7251	54.7755	57.6484	63.8701
34	35.4438	37.7954	40.6756	44.9032	48.6024	51.9660	56.0609	58.9639	65.2472
35	36.4746	38.8591	41.7780	46.0588	49.8018	53.2033	57.3421	60.2748	66.6188
36	37.5049	39.9220	42.8788	47.2122	50.9985	54.4373	58.6192	61.5812	67.9852
37	38.5348	40.9839	43.9782	48.3634	52.1923	55.6680	59.8925	62.8833	69.3465
38	39.5643	42.0451	45.0763	49.5126	53.3835	56.8955	61.1621	64.1814	70.7029
39	40.5935	43.1053	46.1730	50.6598	54.5722	58.1201	62.4281	65.4756	72.0547
40	41.6222	44.1649	47.2685	51.8051	55.7585	59.3417	63.6907	66.7660	73.4020
41	42.6506	45.2236	48.3628	52.9485	56.9424	60.5606	64.9501	68.0527	74.7449
42	43.6786	46.2817	49.4560	54.0902	58.1240	61.7768	66.2062	69.3360	76.0838
43	44.7063	47.3390	50.5480	55.2302	59.3035	62.9904	67.4593	70.6159	77.4186
44	45.7336	48.3957	51.6389	56.3685	60.4809	64.2015	68.7095	71.8926	78.7495
45	46.7607	49.4517	52.7288	57.5053	61.6562	65.4102	69.9568	73.1661	80.0767
46	47.7874	50.5071	53.8177	58.6405	62.8296	66.6165	71.2014	74.4365	81.4003
47	48.8139	51.5619	54.9056	59.7743	64.0011	67.8206	72.4433	75.7041	82.7204
48	49.8401	52.6161	55.9926	60.9066	65.1708	69.0226	73.6826	76.9688	84.0371
49	50.8660	53.6697	57.0786	62.0375	66.3386	70.2224	74.9195	78.2307	85.3506
50	51.8916	54.7228	58.1638	63.1671	67.5048	71.4202	76.1539	79.4900	86.6608

解　　答

第1章

問題 1.1　(1)　$\{(2,2),(2,4),(2,6),(4,2),(4,4),(4,6),(6,2),(6,4),(6,6)\}$

(2)　$\{(4,6),(5,5),(5,6),(6,4),(6,5),(6,6)\}$

(3)　$\{(1,2),(1,4),(1,6),(2,1),(2,2),(2,3),(2,4),(2,5),(2,6),$
$(3,2),(3,4),(3,6),(4,1),(4,2),(4,3),(4,4),(4,5),(4,6),$
$(5,2),(5,4),(5,6),(6,1),(6,2),(6,3),(6,4),(6,5),(6,6)\}$

問題 1.2　(1)　$\{(6,1),(6,2),(6,3),(6,4),(6,5),(6,7),$
$(7,1),(7,2),(7,3),(7,4),(7,5),(7,7)\}$

(2)　$\{(1,6),(1,7),(2,6),(2,7),(3,6),(3,7),(4,6),(4,7),(5,6),(5,7),$
$(6,1),(6,2),(6,3),(6,4),(6,5),(7,1),(7,2),(7,3),(7,4),(7,5)\}$

問題 1.3　(1)　$\frac{1}{4}$

(2)　$\frac{1}{6}$

(3)　$\frac{3}{4}$

問題 1.4　(1)　$\frac{2}{7}$

(2)　$\frac{10}{21}$

問題 1.5　(1)　元の個数は 1 個で確率は $\frac{1}{16}$

(2)　元の個数は 11 個で確率は $\frac{11}{16}$

問題 1.6　(1)　根元事象は「1 枚目の数字が i であり，2 枚目の数字が j である」となる（ただし $i,j=1,\dots,6$ である）．これを (i,j) と書くことにすれば，標本空間は

$$\Omega=\{(i,j);1\le i,j\le 6, i\ne j\}$$

である．また，今の仮定に沿った確率は $P(A)=\frac{\#A}{30}$, $A\subset\Omega$ である．

(2)　$(2,1),(3,1),(3,2),(4,1),(4,2),(4,3),(5,1),(5,2),(5,3),(5,4),$
$(6,1),(6,2),(6,3),(6,4),(6,5)$

(3)　$\frac{1}{2}$

問題 1.7　$\frac{19}{30}$

問題 1.8　(1)　$(3,1),(3,2),(3,4),(3,5),(3,6),(6,1),(6,2),(6,3),(6,4),(6,5)$
確率は $\frac{1}{3}$

(2)　$(1,3),(1,6),(2,3),(2,6),(3,1),(3,2),(3,4),(3,5),(3,6),(4,3),(4,6),$
$(5,3),(5,6),(6,1),(6,2),(6,3),(6,4),(6,5)$
確率は $\frac{3}{5}$

問題 1.9　$\frac{7}{15}$

問題 1.10　(1)　$\frac{1}{2}$

(2)　$\frac{2/30}{5/30}=\frac{2}{5}$

問題 1.11　$\frac{1}{2}$

問題 1.12　(1)　$A = (A \cap B) \cup (A \cap B^c)$ であり，右辺は排反な集合の和集合だから

$$P(A) = P(A \cap B) + P(A \cap B^c)$$

である．独立性から $P(A \cap B) = P(A)P(B)$ であるから

$$P(A \cap B^c) = P(A) - P(A)P(B) = P(A)\bigl(1 - P(B)\bigr) = P(A)P(B^c)$$

を得る．

(2)　(1) を A, B および B^c, A に対して用いれば得られる．

問題 1.13　(1)　定義 1.4 の式を $m = 2, 3$ の場合に書き下せばよい．

(2)　$A_2 \cup A_3 = A_2 \cup (A_3 \cap A_2^c)$ であり，右辺は排反な集合の和集合である．分配則（定理 A.1）を用いると

$$A_1 \cap (A_2 \cup A_3) = (A_1 \cap A_2) \cup (A_1 \cap A_3 \cap A_2^c)$$

となる．右辺は排反な集合の和集合であることと A_1, A_2, A_3 の独立性から

$$P\bigl(A_1 \cap (A_2 \cup A_3)\bigr) = P(A_1)P(A_2) + P(A_1 \cap A_3 \cap A_2^c)$$

である．問題 1.12 と同様の議論から

$$\begin{aligned} P(A_1 \cap A_3 \cap A_2^c) &= P(A_1 \cap A_3) - P(A_1 \cap A_2 \cap A_3) \\ &= P(A_1)P(A_2^c)P(A_3) \end{aligned}$$

であることに注意すると，

$$\begin{aligned} P\bigl(A_1 \cap (A_2 \cup A_3)\bigr) &= P(A_1)P(A_2) + P(A_1)P(A_3 \cap A_2^c) \\ &= P(A_1)\bigl(P(A_2) + P(A_3 \cap A_2^c)\bigr) \\ &= P(A_1)P(A_2 \cup A_3) \end{aligned}$$

を得る．

問題 1.14　$P(X = 1, Y = 1) = 0$, $P(X = 1) = P(Y = 1) = \frac{1}{6}$ だから $P(X = 1, Y = 1) \neq P(X = 1)P(Y = 1)$ である．よって独立ではない．

■ 演習問題 ■

演習 1.1　(1)　玉に順に 1〜10 の番号を書く．ただし，1〜5 は青玉，6, 7 は白玉，8, 9, 10 は白玉とする．この下での根元事象は「1 つ目の番号が i であり，2 つ目の番号が j である」となる（ただし $i, j = 1, \ldots, 10$ である）．これを (i, j) と書くことにすれば　標本空間は $\Omega = \{(i, j); 1 \leq i, j \leq 10, i \neq j\}$ である．また，今の仮定に沿った確率は $P(A) = \frac{\#A}{90}$, $A \subset \Omega$ である．

(2)　$A = \bigl\{(i, j) \in \Omega; i = 8, 9, 10\bigr\}$, $P(A) = \frac{3}{10}$

(3)　$A \cap B = \{(8, 9), (8, 10), (9, 8), (9, 10), (10, 8), (10, 9)\}$ であり，従って $P(A \cap B) = \frac{1}{15}$ である．よって

$$P(B \mid A) = \frac{1/15}{3/10} = \frac{2}{9}$$

である．また，$P(B) = \frac{3}{10}$ だから，

$$P(A \mid B) = \frac{1/15}{3/10} = \frac{2}{9}$$

である．

演習 1.2 (1) $P(X=1)=\frac{1}{2}$, $P(X=2)=\cdots=P(X=6)=\frac{1}{10}$

(2) $P(Y=1)=\frac{1}{2}$, $P(Y=2)=\cdots=P(X=6)=\frac{1}{10}$ であり

$$P(X=i, Y=j)=P(X=i)P(Y=j), \quad i, j=1, \ldots, 6$$

が成り立っていることがわかる．従って X, Y は独立である．

演習 1.3 (1) $P(A \cap B)=P(A \mid B)P(B)=\frac{2}{5}\cdot\frac{5}{18}=\frac{1}{9}$ である．また

$$P(A \cup B)=P(A)+P(B)-P(A \cap B)=\frac{2}{9}+\frac{5}{18}-\frac{1}{9}=\frac{7}{18}$$

である．

(2) (1) と同様の計算により $P(B \cap C)=P(C \cap B)=\frac{1}{18}$ であることがわかる．従って含除公式から

$$P(A \cup B \cup C)=\frac{2}{9}+\frac{5}{18}+\frac{1}{3}-\frac{1}{9}-\frac{1}{18}-\frac{1}{18}+\frac{1}{54}=\frac{17}{27}$$

である．

演習 1.4 (1) 積 XY が奇数であることと，X, Y がともに奇数であることは同値である．独立性から，この確率は $\left(\frac{1}{3}+\frac{2}{15}+\frac{2}{15}\right)^2=\frac{9}{25}$ である．従って求める確率は $1-\frac{9}{25}=\frac{16}{25}$ である．

(2) 標本空間を例 1.1，例 1.6 と同様にとったとき，事象 $\{X=1, X<Y\}$ は 5 つの根元事象からなり，事象 $\{X \geq 2, X<Y\}$ は 10 個の根元事象からなる．このことから，求める確率は $5\cdot\frac{1}{3}\cdot\frac{2}{15}+10\cdot\frac{2}{15}\cdot\frac{2}{15}=\frac{2}{5}$ である．

演習 1.5 (1) $P(X>Y)=\frac{190}{380}=\frac{1}{2}$

(2) $P(X=14, X>Y)=\frac{13}{380}$ だから $P(X=14 \mid X>Y)=\frac{13}{190}$ である．

演習 1.6 一般に独立ではない．$\Omega=\{(1,1),(1,0),(0,1),(0,0)\}$ とし，$P(A)=\frac{\#A}{4}$ とする．また，$A=\{(1,1),(1,0)\}$, $B=\{(1,1),(0,1)\}$, $C=\{(1,1),(0,0)\}$ とする．このとき $P(A)=P(B)=P(C)=\frac{1}{2}$ であり，$P(A \cap B)=P(B \cap C)=P(C \cap A)=P(\{(1,1)\})=\frac{1}{4}$ であるから A と B, B と C, C と A は独立である．一方，$P(A \cap B \cap C)=P(\{(1,1)\})=\frac{1}{4}$ であるから A, B, C は独立でない．

第 2 章

問題 2.1 $T=1,2$ となることはありえない．よって $k \geq 3$ のときに $P(T=k)$ を求めればよい．$T=k$, $X_k=1$ であることと，$X_1, \ldots, X_{k-1}$ の間に 1 はなく，かつ $X_1, \ldots, X_{k-1}$ の間で 2, 3 が揃い，そして $X_k=1$ となることは同値だから

$$P(T=k, X_k=1)=\left(\frac{2^{k-1}-2}{3^{k-1}}\right)\frac{1}{3}$$

となる．$X_k=2,3$ の場合も同様であり，従って

$$P(T=k)=\frac{2^{k-1}-2}{3^{k-1}}, \quad k \geq 3$$

である．

問題 2.2　(1)　$X+Y=k$ のとき，X, Y は非負の整数値しかとらないから $X=0,1,\ldots,$ k でなくてはならない．これに注意して X について場合分けすれば

$$P(X+Y=k)=\sum_{i=0}^{k}P(X+Y=k, X=i)=\sum_{i=0}^{k}P(Y=k-i, X=i)$$

となる．X, Y は独立だったから結論の式が得られる．

(2)　ポアソン分布の定義と二項係数の定義から

$$\begin{aligned}P(X+Y=k)&=\sum_{i=0}^{k}e^{-\lambda_1}\frac{\lambda_1^i}{i!}e^{-\lambda_2}\frac{\lambda_2^{k-i}}{(k-i)!}\\&=e^{-(\lambda_1+\lambda_2)}\frac{1}{k!}\sum_{i=0}^{k}{}_k\mathrm{C}_i\,\lambda_1^i\lambda_2^{k-i}\end{aligned}$$

であり，ここで二項定理を用いれば

$$P(X+Y=k)=e^{-(\lambda_1+\lambda_2)}\frac{(\lambda_1+\lambda_2)^k}{k!}$$

を得る．

問題 2.3　(1)　$E[X]=1\cdot\frac{1}{2}+2\cdot\frac{1}{10}+\cdots+6\cdot\frac{1}{10}=\frac{5}{2}$

(2)　X^3 の確率分布は

$$P(X^3=k)=\begin{cases}\frac{1}{2}, & k=1^3\\ \frac{1}{10}, & k=2^3,\ldots,6^3\end{cases}$$

だから，$E[X^3]=1^3\cdot\frac{1}{2}+2^3\cdot\frac{1}{10}+\cdots+6^3\cdot\frac{1}{10}=\frac{89}{2}$ である．

問題 2.4　(1)　$E[X-Y]=E[X]-E[Y]=3$

(2)　$E[(X-Y)^2]=E[X^2]-2E[XY]+E[Y^2]=10$

問題 2.5　(1)　定理 2.10 において $Y=1$ とすると

$$E\big[|X|\big]\le E[X^2]^{1/2}<\infty$$

を得る．

(2)　(1) より，$E[X]<\infty$ である．これに注意して不等式

$$(x-y)^2\le 2x^2+2y^2$$

を使えば

$$V[X]\le 2E[X^2]+2E[X]^2<\infty$$

を得る．

問題 2.6　チェビシェフの不等式（定理 2.11）から

$$P\big(|X-0|\ge 10\big)\le 5^{-2}V[X]=\frac{1}{5}$$

である．ここで

$$P(|X|\ge 5)=P(X\ge 5)+P(X\le -5)$$

だから求める結論が得られる．

問題 2.7　例 2.2 と同様に計算を進めていくと

$$
\begin{aligned}
E[X^2] &= \sum_{k=0}^{\infty} k^2 e^{-\lambda} \frac{\lambda^k}{k!} \\
&= \sum_{k=1}^{\infty} k^2 e^{-\lambda} \frac{\lambda^k}{k!} \\
&= \sum_{k=1}^{\infty} k e^{-\lambda} \frac{\lambda^k}{(k-1)!} \\
&= \sum_{l=0}^{\infty} (l+1) e^{-\lambda} \frac{\lambda^{l+1}}{l!} \\
&= \lambda \sum_{l=0}^{\infty} l e^{-\lambda} \frac{\lambda^l}{l!} + \lambda \sum_{l=0}^{\infty} e^{-\lambda} \frac{\lambda^l}{l!}
\end{aligned}
$$

となる．ここで例 2.2 での期待値の計算を思い出すと

$$
\sum_{l=0}^{\infty} l e^{-\lambda} \frac{\lambda^l}{l!} = \lambda
$$

であったから，$E[X^2] = \lambda^2 + \lambda$ が得られた．ここで例 2.2 での計算により $E[X] = \lambda$ であったから

$$
V[X] = E[X^2] - E[X]^2 = \lambda^2 + \lambda - \lambda^2 = \lambda
$$

を得る．

問題 2.8　$q = 1 - p$ とする．このとき例 2.2 と同様の計算をすれば

$$
\begin{aligned}
E[X^2] &= \sum_{k=1}^{\infty} k^2 p q^{k-1} \\
&= \sum_{k=1}^{\infty} (k^2 + k) p q^{k-1} - \sum_{k=1}^{\infty} k p q^{k-1} \\
&= \frac{2}{p^2} - \frac{1}{p}
\end{aligned}
$$

である．ここで $E[X] = \frac{1}{p}$ であったこととあわせ

$$
V[X] = E[X^2] - E[X]^2 = \frac{1}{p^2} - \frac{1}{p} = \frac{1-p}{p^2}
$$

を得る．

問題 2.9　$E[aX] = aE[X]$ だから

$$
V[X] = E\big[(aX - E[aX])^2\big] = E\big[a^2(X - E[X])^2\big] = a^2 V[X]
$$

である．

問題 2.10　共分散の定義から

$$
C(X, Y) = E\big[XY - XE[Y] - YE[X] + E[X]E[Y]\big]
$$

$$= E[XY] - E[X]E[Y] - E[X]E[Y] + E[X]E[Y]$$
$$= E[XY] - E[X]E[Y]$$

である．

■ 演習問題 ■

演習 2.1　$E[X] = \frac{13}{2}$, $V[X] = \frac{143}{12}$

演習 2.2　例 2.2 および例 2.4 から，$E[X] = 20$, $V[X] = 10$ である．これとチェビシェフの不等式から

$$P\big(|X - 20| \geq 10\big) \leq \frac{10}{100} = \frac{1}{10}$$

が得られる．ここで

$$P(X \geq 30) = P(X \leq 10)$$

であることを使えば結論の式が得られる．この場合は確率分布がわかっているので具体的に確率を求めることでも証明できるが，相当面倒である．

演習 2.3　T の確率分布は

$$P(T = k) = \frac{2^{k-1} - 2}{3^{k-1}}, \quad k \geq 3$$

だったから

$$E[T] = \sum_{k=3}^{\infty} k\,\frac{2^{k-1} - 2}{3^{k-1}}$$

であり，例 2.2 にある無限和の公式を用いれば $E[T] = \frac{11}{2}$ が得られる．また

$$E[T^2] = \sum_{k=3}^{\infty} k\,\frac{2^{k-1} - 2}{3^{k-1}}$$

についても同様に例 2.2 および問題 2.8 にある無限和の公式を用いて計算すると $E[T^2] = 37$ が得られ，$V[T] = \frac{27}{4}$ であることがわかる．

演習 2.4　(1)　$C(X,Y) = E[(X - E[X])(Y - E[Y])] = E[(Y - E[Y])(X - E[X])] = C(Y,X)$ である．

(2)　$C(aX,Y) = E[(aX - E[aX])(Y - E[Y])] = E[a(X - E[X])(Y - E[Y])] = aC(X,Y)$ である．

(3)

$$\begin{aligned} C(X, Y + Z) &= E\big[(X - E[X])(Y + Z - E[Y + Z])\big] \\ &= E\big[(X - E[X])(Y - E[Y])\big] + E\big[(X - E[X])(Z - E[Z])\big] \\ &= C(X,Y) + C(X,Z) \end{aligned}$$

である．

演習 2.5 (1) $E[2X-Y]=2E[X]-E[Y]=5$ であり，$E[(2X-Y)^2]=4E[X^2]-4E[XY]+E[Y^2]=20+4+3=27$ より $V[2X-Y]=27-25=2$ である．

(2) $C(X+2Y,X-Y)=C(X,X)+C(X,Y)-2C(Y,Y)=V[X]+C(X,Y)-2V[Y]$ である．上の式から $V[X]=1$, $V[Y]=2$, $C(X,Y)=1$ だから $C(X+2Y,X-Y)=-2$ である．

演習 2.6 期待値は

$$E[X]=1\cdot\frac{1}{3}+2\cdot\frac{2}{15}+\cdots+6\cdot\frac{2}{15}=3$$

である．また

$$E[X^2]=1^2\cdot\frac{1}{3}+2^2\cdot\frac{2}{15}+\cdots+6^2\cdot\frac{2}{15}=\frac{37}{3}$$

より $V[X]=\frac{37}{3}-9=\frac{10}{3}$ である．

第3章

問題 3.1 $\int_{-\infty}^{\infty}f(x)\,dx=1$ でなくてはならず，これより $C=3$ を得る．

問題 3.2 X, Y の同時密度関数は $f(x)g(y)$ であるから

$$\begin{aligned}P(X+Y\leq 2)&=\int_{\{(x,y);x+y\leq 2\}}f(x)g(y)\,dx\,dy\\&=\int_{-\infty}^{\infty}\int_{-\infty}^{2-y}f(x)g(y)\,dx\,dy\\&=\int_0^1\int_0^{2-y}e^{-x}\,dx\,dy\\&=\int_0^1(1-e^{y-2})\,dy\\&=1-e^{-1}+e^{-2}\end{aligned}$$

である．

問題 3.3 (1) (3.8) で定義される関数 $f(x)$ は非負であり，$\int_{-\infty}^{\infty}f(x)\,dx=\int_0^{\infty}\lambda e^{-\lambda x}\,dx=1$ だから注意 3.1 の条件は共に満たされている．

(2) 部分積分を行い $E[X]$ を計算すると

$$\begin{aligned}E[X]&=\int_0^{\infty}\lambda xe^{-\lambda x}\,dx\\&=\left[xe^{-\lambda x}\right]_0^{\infty}-\int_0^{\infty}e^{-\lambda x}\,dx\\&=\lambda^{-1}\end{aligned}$$

を得る．同様に部分積分を行って計算すると $E[X^2]=2\lambda^{-2}$ であることがわかり，従って

$$V[X]=2\lambda^{-2}-\lambda^{-2}=\lambda^{-2}$$

を得る．

問題 3.4　指数分布の密度関数を使って計算すると

$$P(X > s) = \int_s^\infty \lambda e^{-\lambda x}\,dx = e^{-\lambda s}$$

であるから

$$P(X > s+t \mid X > s) = \frac{e^{-\lambda(s+t)}}{e^{-\lambda s}} = e^{-\lambda t} = P(X > t)$$

である．

問題 3.5　W の分布関数は

$$F(w) = \begin{cases} 0, & w \le 0 \\ w^3, & 0 < w < 1 \\ 1, & z \ge 0 \end{cases}$$

であるから，W の密度関数を f とすると

$$f(w) = \begin{cases} 0, & w \le 0 \text{ または } w \ge 1 \\ 3w^2, & 0 < w < 1 \end{cases}$$

であることがわかる．

問題 3.6　X^2 の分布関数は

$$P(X^2 \le x) = \begin{cases} 2\int_0^{\sqrt{x}} \frac{1}{\sqrt{2\pi}} \exp\left(-\frac{1}{2}t^2\right)dt, & x > 0 \\ 0, & x \le 0 \end{cases}$$

であるから，X^2 の密度関数を f とすると

$$f(x) = \begin{cases} \frac{1}{\sqrt{2\pi x}} \exp\left(-\frac{1}{2}x\right), & x > 0 \\ 0, & x \le 0 \end{cases}$$

であることがわかる．

問題 3.7　$a > 0$ とするとき，aX の分布関数は

$$\begin{aligned} P(aX \le x) &= P(X \le x/a) \\ &= \int_{-\infty}^{x/a} \frac{1}{\sqrt{2\pi v}} \exp\left(-\frac{1}{2v}(t-\mu)^2\right)dt \\ &= \int_{-\infty}^{x} \frac{1}{\sqrt{2\pi a^2 v}} \exp\left(-\frac{1}{2a^2 v}(s-a\mu)^2\right)ds \end{aligned}$$

となる．同様に，$a < 0$ のときの aX の分布関数は

$$\begin{aligned} P(aX \le x) &= P(X \ge x/a) \\ &= \int_{x/a}^{\infty} \frac{1}{\sqrt{2\pi v}} \exp\left(-\frac{1}{2v}(t-\mu)^2\right)dt \\ &= \int_{-\infty}^{x} \frac{1}{\sqrt{2\pi a^2 v}} \exp\left(-\frac{1}{2a^2 v}(s-a\mu)^2\right)ds \end{aligned}$$

となる（不等号の向きに注意）．いずれにしても同じ形になっており，両辺を x について微分すれば結論が得られる．また $X+b$ の分布関数は

$$\begin{aligned} P(X+b \le x) &= P(X \le x-b) \\ &= \int_{-\infty}^{x-b} \frac{1}{\sqrt{2\pi v}} \exp\left(-\frac{1}{2v}(t-\mu)^2\right) dt \\ &= \int_{-\infty}^{x} \frac{1}{\sqrt{2\pi v}} \exp\left(-\frac{1}{2v}(s-\mu-b)^2\right) ds \end{aligned}$$

となり，この両辺を x について微分すれば結論が得られる．

問題 3.8 (1) X^2 の分布関数は

$$P(X^2 \le x) = \begin{cases} 0, & x \le 0 \\ \sqrt{x}, & 0 < x < 1 \\ 1, & x \ge 1 \end{cases}$$

であるから，X^2 の密度関数を f とすると

$$f(x) = \begin{cases} 0, & x \le 0 \text{ または } x \ge 1 \\ \frac{1}{2\sqrt{x}}, & 0 < x < 1 \end{cases}$$

となる．

(2) X^3 の分布関数は

$$P(X^3 \le x) = \begin{cases} 0, & x \le -1 \\ \frac{1}{2}(x^{1/3}+1), & -1 < x < 1 \\ 1, & x \ge 1 \end{cases}$$

であるから，X^3 の密度関数を f とすると

$$f(x) = \begin{cases} 0, & x \le -1,\ x \ge 1,\ x = 0 \\ \frac{1}{6}x^{-2/3}, & -1 < x < 1 \end{cases}$$

となる．

問題 3.9 $\sqrt{X}$ の分布関数は

$$P(\sqrt{X} \le x) = \begin{cases} 0, & x \le 0 \\ 1 - e^{-\lambda x^2}, & x > 0 \end{cases}$$

であるから，$\sqrt{X}$ の密度関数を f とすると

$$f(x) = \begin{cases} 0, & x \le 0 \\ 2\lambda x e^{-\lambda x^2}, & x > 0 \end{cases}$$

となる．

問題 3.10　例題 3.5 と同様にして計算すれば，$X+Y$ の密度関数を f とすると

$$f(x) = \begin{cases} 0, & x \leq 0 \\ \lambda^2 x e^{-\lambda x}, & x > 0 \end{cases}$$

であることがわかる．なお，この問題の後に述べられている定理 3.9 を使ってしまえば即座に導かれる．

問題 3.11　(1)　定理 3.9 から，

$$X_1 + \cdots + X_n \sim \Gamma(n, \lambda)$$

である．

(2)　ガンマ分布の密度関数を使って計算すると

$$\begin{aligned} E[Y] &= \int_0^\infty \frac{\lambda^n}{\Gamma(n)} x^{n-2} e^{-\lambda x}\, dx \\ &= \lambda \frac{\Gamma(n-1)}{\Gamma(n)} \int_0^\infty \frac{\lambda^{n-1}}{\Gamma(n-1)} x^{n-2} e^{-\lambda x}\, dx \end{aligned}$$

である．ここで，後者の積分値は 1 であり，また

$$\Gamma(n) = (n-1)!, \quad \Gamma(n-1) = (n-2)!$$

だから，

$$E[Y] = \frac{\lambda}{n-1}$$

を得る．

■ 演習問題 ■

演習 3.1　X, Y の同時密度関数は $1_{(0,1)}(x)1_{(0,1)}(y)$ であるから，

$$\begin{aligned} P(X+Y \leq 2) &= \int_{\{(x,y);x^2+y^2 \leq 1\}} 1_{(0,1)}(x)1_{(0,1)}(y)\, dx\, dy \\ &= \int_{\{(x,y);x^2+y^2 \leq 1, x>0, y>0\}} dx\, dy \\ &= \frac{\pi}{4} \quad \text{（半径 1 で中心角 90° の扇形の面積）} \end{aligned}$$

である．

演習 3.2　f を $N(0,1)$ の密度関数とするとき，X, Y の同時密度関数は $f(x)f(y)$ であるから

$$P(X+Y \leq 2) = \frac{1}{2\pi} \int_{\{(x,y);x^2+y^2 \leq 2\}} e^{-(x^2+y^2)/2}\, dx\, dy$$

である．ここで，極座標へ変数変換，つまり $x = r\cos\theta$, $y = r\sin\theta$ と変換すればヤコビアンは r となる（参考文献[3] p.170 参照）から，$(e^{-r^2/2})' = -re^{-r^2/2}$ に注意して計算すると

$$P(X+Y\le 2)=\frac{1}{2\pi}\int_0^{\sqrt{2}}\int_0^{2\pi} re^{-r^2/2}\,d\theta\,dr$$
$$=\Big[e^{-r^2/2}\Big]_0^{\sqrt{2}}$$
$$=1-e^{-1}$$

を得る．

演習 3.3　確率変数 X, Y の同時密度関数を $f(x,y)$ とすると，X, Y の独立性から

$$f(x,y)=1_{(0,1)}(x)1_{(0,1)}(y)$$

となる．従って

$$\begin{aligned}&E\big[F(U,V)\big]\\&=\int_{-\infty}^{\infty}\int_{-\infty}^{\infty}F\big(\sqrt{-2\log x}\cos(2\pi y),\sqrt{-2\log x}\sin(2\pi y)\big)f(x,y)\,dx\,dy\\&=\int_0^1\int_0^1 F\big(\sqrt{-2\log x}\cos(2\pi y),\sqrt{-2\log x}\sin(2\pi y)\big)\,dx\,dy\end{aligned}$$

となる．ここで $r=\sqrt{-2\log x}$ と変数変換すると

$$x=\exp\left(-\frac{1}{2}r^2\right)$$

であるから，

$$\frac{dx}{dr}=-r\exp\left(-\frac{1}{2}r^2\right)$$

となることに注意すると，

$$\begin{aligned}E\big[F(U,V)\big]&=-\int_0^1\int_{\infty}^0 F\big(r\cos(2\pi y),r\sin(2\pi y)\big)r\exp\left(-\frac{1}{2}r^2\right)dr\,dy\\&=\int_0^1\int_0^{\infty}F\big(r\cos(2\pi y),r\sin(2\pi y)\big)r\exp\left(-\frac{1}{2}r^2\right)dr\,dy\end{aligned}$$

を得る．さらに $u=r\cos(2\pi y)$, $v=r\sin(2\pi y)$ により変数変換しよう．

$$\begin{vmatrix}\frac{du}{dr} & \frac{dv}{dr}\\ \frac{du}{dy} & \frac{dv}{dy}\end{vmatrix}=\begin{vmatrix}\cos(2\pi y) & \sin(2\pi y)\\ -2\pi r\sin(2\pi y) & 2\pi r\cos(2\pi y)\end{vmatrix}=2\pi r$$

であることに注意すれば

$$E\big[F(U,V)\big]=\int_{-\infty}^{\infty}\int_{-\infty}^{\infty}F(u,v)\frac{1}{2\pi}\exp\left(-\frac{1}{2}(u^2+v^2)\right)du\,dv$$

であることがわかる．定理 3.3 より，U, V の同時密度関数は

$$g(u,v)=\frac{1}{2\pi}\exp\left(-\frac{1}{2}(u^2+v^2)\right)$$

であることが示された．つまり U, V は独立で，それぞれは $N(0,1)$ に従う．

演習 3.4　Y の密度関数を f とすると

$$f(y) = \begin{cases} 0, & y \leq 0 \\ e^{-y}, & y > 0 \end{cases}$$

である．つまり，Y は $Ex(1)$ に従う．

演習 3.5　Y の密度関数を f とすると

$$f(y) = \frac{1}{\pi(1+y^2)}$$

である．

演習 3.6　Y の密度関数を f とすると

$$f(y) = \begin{cases} 0, & y \leq -1,\ y \geq 1 \\ \frac{1}{\sqrt{1-y^2}}, & -1 < y < 1 \end{cases}$$

である．

演習 3.7　$-X$ の密度関数を F とすると

$$\begin{aligned} F(x) &= P(-X \leq x) \\ &= P(X \geq -x) \\ &= \int_{-x}^{\infty} f(t)\,dt \end{aligned}$$

であるから，これを微分すれば結論が得られる．

演習 3.8　(1)　$n=0$ と $n \geq 1$ の場合に分けて考えると

(a)　$n=0$ のときは，$X_1 > 1$ であることと同値．

(b)　$n \geq 1$ のときは

$$X_1 + \cdots + X_n \leq 1, \quad X_1 + \cdots + X_n + X_{n+1} > 1$$

が同時に成り立つことと同値．

となることがわかる．以上をまとめると

$$\{Y=n\} = \begin{cases} \{X_1 > 1\}, & n = 0 \\ \{X_1 + \cdots + X_n \leq 1, X_1 + \cdots + X_n + X_{n+1} > 1\}, & n \geq 1 \end{cases}$$

である．

(2)　同じく，$n=0$ と $n \geq 1$ の場合に分けて考える．

(a)　$n=0$ のときは，$X_1 > 1$ であることと同値であったから

$$\begin{aligned} P(Y=0) &= P(X_1 > 1) \\ &= \int_1^{\infty} \lambda e^{-\lambda x}\,dx \\ &= e^{-\lambda} \end{aligned}$$

であることがわかる．

(b) $n \geq 1$ のときは,

$$S_n = X_1 + \cdots + X_n$$

とおき, S_n, X_{n+1} の同時密度関数を $f(u,v)$ とおくと

$$P(Y=n) = \iint_{\{(u,v)\in\mathbb{R}^2;\, u\leq 1, u+v>1\}} f(u,v)\,du\,dv$$

が成り立つ. ここで, 確率変数 $X_1, X_2, \ldots$ は独立であって, 全て指数分布 $Ex(\lambda)$ に従うのだったから, $S_n \sim \Gamma(n,\lambda)$ である. よって f は

$$f(u,v) = \begin{cases} \frac{\lambda^{n+1}}{(n-1)!}\, u^{n-1} e^{-\lambda u} e^{-\lambda v}, & u, v > 0 \\ 0, & \text{その他} \end{cases}$$

である. 従って求める積分を一部逐次積分に置き換えて計算すると

$$\begin{aligned} P(Y=n) &= \frac{\lambda^{n+1}}{(n-1)!} \int_0^1 \int_{1-u}^{\infty} u^{n-1} e^{-\lambda u} e^{-\lambda v}\, dv\, du \\ &= \frac{\lambda^n}{(n-1)!} \int_0^1 u^{n-1} e^{-\lambda u} e^{-\lambda(1-u)}\, du \\ &= e^{-\lambda} \frac{\lambda^n}{(n-1)!} \int_0^1 u^{n-1}\, du \\ &= e^{-\lambda} \frac{\lambda^n}{n!} \end{aligned}$$

となることがわかった.

(a), (b) をあわせると

$$P(Y=n) = e^{-\lambda} \frac{\lambda^n}{n!}, \quad n \geq 0$$

を得る. すなわち Y はパラメータ λ のポアソン分布に従う.

第5章

問題 5.1　平均は $\dfrac{257 + \cdots + 283}{30} = 268.3 \fallingdotseq 268$ [g] である.

問題 5.2　中央値は 15 番目と 16 番目の平均だから 268 g である.
第 1 四分位点は 8 番目と 9 番目の平均だから 263 g である.
第 3 四分位点は 22 番目と 23 番目の平均だから $270.5 \fallingdotseq 271$ [g] である.
箱ひげ図は省略する.

問題 5.3　レンジは $283 - 257 = 26.0$ [g] である.
四分位偏差は $\dfrac{270.5 - 263}{2} = 3.75$ [g] である.

問題 5.4　平均偏差は

$$\frac{|257-268.3|+\cdots+|283-268.3|}{30}=5.45333\cdots\fallingdotseq 5.45\ [\mathrm{g}]$$ である．

分散は $\dfrac{(257-268.3)^2+\cdots+(283-268.3)^2}{30}=51.1433\cdots\fallingdotseq 51.1\ [\mathrm{g}^2]$ である．

標準偏差は $\sqrt{51.1433\cdots}=7.15145\cdots\fallingdotseq 7.15\ [\mathrm{g}]$ である．

問題 5.5　(1)　(ア) 24.5　　(イ) 13.4%　　(ウ) 134,814　　(エ) 99.4%

(2)　(a)
- 平均：42.2
- 中央値：41.6
- 第 1 四分位点：25.0
- 第 3 四分位点：60.8

(b)
- 四分位偏差：17.9
- 分散：500
- 標準偏差：22.4

問題 5.6　(1)　$\overline{X}=37.5$,
$\overline{Y}=1.7112\fallingdotseq 1.71$

(2)　$C_{XY}=9.8145\fallingdotseq 9.81$

問題 5.7　$r_{XY}=0.932588\cdots\fallingdotseq 0.933$

問題 5.8　$Y=(4.76\times 10^{-2})X-(7.33\times 10^{-2})$

問題 5.9　決定係数は 0.870 である．

■ 演習問題 ■

演習 5.1　(1)　省略

(2)　(a)
- 平均：34.9
- 中央値：35.0
- 第 1 四分位点：34.0
- 第 3 四分位点：36.0

(b)
- 四分位偏差：1.03
- 分散：2.57
- 標準偏差：1.60

演習 5.2　(1)　省略

(2)　(a)
- 平均：438
- 中央値：368
- 第 1 四分位点：214
- 第 3 四分位点：560

(b)
- 四分位偏差：173
- 分散：1.28×10^5
- 標準偏差：3.58×10^2

演習 5.3 (1) Q_1, Q_2, Q_3 は

$$Q_1 = \frac{x_{(k)} + x_{(k+1)}}{2},$$
$$Q_2 = \frac{x_{(2k)} + x_{(2k+1)}}{2},$$
$$Q_3 = \frac{x_{(3k)} + x_{(3k+1)}}{2}$$

となる（本書での四分位点の定義による値と一致する）.

(2) Q_1, Q_2, Q_3 は

$$Q_1 = \frac{x_{(k)} + x_{(k+1)}}{2},$$
$$Q_2 = x_{(2k+1)},$$
$$Q_3 = \frac{x_{(3k+1)} + x_{(3k+2)}}{2}$$

となる（本書での四分位点の定義による値は

$$Q_1 = x_{(k+1)},$$
$$Q_3 = x_{(3k+1)}$$

となり，異なる値となる）.

(3) Q_1, Q_2, Q_3 は

$$Q_1 = x_{(k+1)},$$
$$Q_2 = \frac{x_{(2k+1)} + x_{(2k+2)}}{2},$$
$$Q_3 = x_{(3k+2)}$$

となる（本書での四分位点の定義による値は

$$Q_1 = \frac{x_{(k+1)} + x_{(k+2)}}{2},$$
$$Q_3 = \frac{x_{(3k+1)} + x_{(3k+2)}}{2}$$

となり，異なる値となる）.

(4) Q_1, Q_2, Q_3 は

$$Q_1 = x_{(k+1)},$$
$$Q_2 = x_{(2k+2)},$$
$$Q_3 = x_{(3k+3)}$$

となる（本書での四分位点の定義による値は

$$Q_1 = \frac{x_{(k+1)} + x_{(k+2)}}{2},$$
$$Q_3 = \frac{x_{(3k+2)} + x_{(3k+3)}}{2}$$

となり，異なる値となる）．

それぞれ注記しておいたが，定義によって差が生まれることがわかる．ただしデータの数が多く，またデータの間隔が密であるという条件下では，値の差は小さなものとなることもわかるであろう．

演習 5.4　(1)　T について以下の通り：

- 平均：50.0
- 分散：667

S について以下の通り：

- 平均：276
- 分散：5.41×10^3

(2)　共分散は 1.85×10^3 であり，相関係数は 0.973 である．

(3)　回帰方程式は $S = 2.77T + 137$ であり，決定係数は 0.947 である．

演習 5.5　(1)　X について以下の通り：

- 平均：42.7
- 分散：393
- 標準偏差：19.8

Y について以下の通り：

- 平均：38.7
- 分散：13.9
- 標準偏差：3.72

(2)　共分散は 66.1 であり，相関係数は 0.895 である．

(3)　回帰方程式は $Y = 0.168X + 31.5$ であり，決定係数は 0.802 である．

演習 5.6　(1)　散布図については省略する（(4) の直線も同様）．

(2)　A について以下の通り：

- 平均：42.3
- 分散：538
- 標準偏差：23.2

B について以下の通り：

- 平均：44.4
- 分散：1.10×10^3
- 標準偏差：33.2

(3)　共分散は 724 であり，相関係数は 0.940 である．

(4)　回帰方程式は $B = 1.35A - 12.6$ であり，決定係数は 0.884 である．

第6章

問題 6.1 (1) 例題 6.1 と同様にすれば，

$$P(X \geq 60) = Q(1) = 0.158655$$

であることがわかる．

(2) $Y = \frac{X-1}{2}$ とおくと $Y \sim N(0,1)$ である．従って，

$$P(X \geq 5) = P(Y \geq 2) = Q(2)$$

であり，数表から

$$P(X \geq 5) \fallingdotseq 2.2750 \times 10^{-2}$$

である．

第7章

問題 7.1 (ア) $\mu = 15.0$　(イ) $\mu \neq 15.0$
(ウ) 15.4　(エ) 2.83
(オ) 0.025　(カ) 1.960
(キ) $Z > Z_{0.025}$　(ク) 棄却
(ケ) 採択　(コ) いえる

問題 7.2 母平均 μ に対し，帰無仮説・対立仮説を

$$H_0 \colon \mu = 15.00, \quad H_1 \colon \mu > 15.00$$

と立て，検定を行う（片側検定）．このとき

$$Z = \frac{\overline{X} - \mu}{\sqrt{\sigma^2/n}} = 2.236$$

であることがわかる．$Z_{0.05} = 1.645$ であるから，これと Z を比較すると，$Z > Z_{0.05}$ となり，帰無仮説 H_0 は棄却され，対立仮説 H_1 は採択される．以上から母平均 μ が 15.00 cm より大きいと結論される．

問題 7.3 (1) 母平均 μ に対し，帰無仮説・対立仮説を

$$H_0 \colon \mu = 100, \quad H_1 \colon \mu \neq 100$$

と立てればよい（両側検定）．

(2) 標本平均および不偏分散は

$$\overline{X} = 100.79, \quad s^2 = 1.745$$

であるから，t 統計量は

$$t = \frac{\overline{X} - \mu}{\sqrt{s^2/n}} = 1.891$$

であることがわかる．ここで，$t_{0.025}(9) = 2.262$ であるから，$t \leq t_{0.025}(9)$ となり H_0 は採択される．よって「母平均は 100 g ではない」とまではいえない．

問題 7.4　(1)　母平均 σ^2 に対し，帰無仮説・対立仮説を

$$H_0\colon \sigma^2 = 1.00, \quad H_1 : \sigma^2 \neq 1.00$$

と立てればよい（両側検定）.

(2)　不偏分散は $s^2 = 1.745$ であるから，統計量 χ^2 は

$$\chi^2 = \frac{(n-1)s^2}{\sigma^2} = 15.7090$$

であることがわかる．数表から

$$\chi^2_{0.975}(9) = 2.7004, \quad \chi^2_{0.025}(9) = 19.0228$$

であるから，

$$\chi^2_{0.975}(9) \leq \chi^2 \leq \chi^2_{0.025}(9)$$

となり H_0 は採択される．よって「母分散は 1.00 g^2 ではない」とまではいえない.

問題 7.5　母集団において Yes と考える人の割合を p とする．無作為抽出により標本となった人が Yes と回答するかどうか（Yes の回答ならば 1，No の回答ならば 0 の値とする）は，ベルヌーイ分布 $Bin(1,p)$ に従う．つまりこの場合の母集団は二項母集団である．このパラメータ p に対し，帰無仮説・対立仮説を

$$H_0\colon p = 0.325, \quad H_1 : p > 0.325$$

として検定を行う（片側検定）.

このとき，標本平均は $\overline{X} = 0.364$ であるから，

$$Z = \frac{\overline{X} - p}{\sqrt{p(1-p)/n}} \fallingdotseq 2.633$$

であることがわかる．$Z_{0.01} = 2.326$ であるから，これと統計量 Z を比較すると，$Z > Z_{0.01}$ となり，帰無仮説 H_0 は棄却され，対立仮説 H_1 は採択される．以上から，「日本全体の 32.5% 以上が Yes と考える」という主張は正しいと判断される.

問題 7.6　(1)　サイコロを投げる試行を繰り返し，i 回目に 1 の目が出たときに $X_i = 1$ とおき，それ以外の目が出たときに $X_i = 0$ とすれば各 X_i はベルヌーイ試行 $Bin(1,p)$ である．つまりこの場合の母集団は二項母集団である．このパラメータ p に対し

$$H_0\colon p = \frac{1}{6}, \quad H_1 : p \neq \frac{1}{6}$$

とする（両側検定）.

(2)　標本平均は

$$\overline{X} = \frac{910}{5000} = 0.182$$

となる．よって

$$Z = \frac{\overline{X} - p}{\sqrt{p(1-p)/n}} = 2.909$$

となる．ここで $Z_{0.005} = 2.576$ であるから，$Z > Z_{0.005}$ となり，H_0 は棄却され，H_1 は採択される．よって主張は正しくないと判断される.

問題 7.7　母集団分布 $Po(\lambda)$ の母数 λ に対し，帰無仮説・対立仮説を

$$H_0\colon \lambda = 5.00, \quad H_1\colon \lambda < 5.00$$

として検定を行う（片側検定）.

このとき，標本平均は $\overline{X} = 5.4$ であるから

$$Z = \frac{\overline{X} - \lambda}{\sqrt{\lambda/n}} = 2.434$$

であることがわかる．$Z_{0.05} = 1.645$ であるから，これと統計量 Z を比較すると，$Z \geq -Z_{0.05}$ となり，帰無仮説 H_0 は採択される．以上から，「1 ロットあたりの不良品の個数は 5 個より少ない」という主張が正しいとはいえない.

■ 演習問題 ■

演習 7.1　(1)　母平均 μ に対し，帰無仮説・対立仮説を

$$H_0\colon \mu = 200, \quad H_1\colon \mu > 200$$

と立てればよい（片側検定）.

(2)　標本平均および不偏分散は

$$\overline{X} = 201.013\cdots, \quad s^2 = 3.12838\cdots$$

である.

(3)　t 統計量は

$$t = \frac{\overline{X} - \mu}{\sqrt{s^2/n}} = 2.21890\cdots$$

であることがわかる．ここで，$t_{0.05}(14) = 1.761$ であるから $t > t_{0.05}(14)$ となり帰無仮説 H_0 は棄却され，対立仮説 H_1 は採択される．よって「母平均 μ は 200 g より大きい」という主張は妥当であると判断される.

演習 7.2　母分散 σ^2 に対して，

$$H_0\colon \sigma^2 = 2.00, \quad H_1\colon \sigma^2 \neq 2.00$$

と検定を行う（両側検定）．演習 7.1 で計算したように不偏分散は $s^2 = 3.12838\cdots$ であるから，統計量 χ^2 は

$$\chi^2 = \frac{(n-1)s^2}{\sigma^2} = 14.0777\cdots$$

であることがわかる．数表から

$$\chi^2_{0.975}(14) = 5.6287, \quad \chi^2_{0.025}(14) = 26.1189$$

であるから，

$$\chi^2_{0.025}(9) \leq \chi^2 \leq \chi^2_{0.025}(9)$$

となり，H_0 は採択される．よって「母分散は 2.00 g^2 ではない」とまではいえない.

演習 7.3　母集団において視聴している世帯の割合を p とする．無作為抽出により標本となった世帯が視聴しているかどうか（視聴していれば 1，視聴していなければ 0 の値とする）は，ベルヌーイ分布 $Bin(1,p)$ に従う．つまり，この場合の母集団は二項母集団である．この母数

p に対し，帰無仮説 H_0・対立仮説 H_1 を

$$H_0\colon p = 0.165, \quad H_1\colon p > 0.165$$

として検定を行う（片側検定）．

このとき，標本平均 $\overline{X}$ は $\overline{X} = 0.201$ であるから

$$Z = \frac{\overline{X} - p}{\sqrt{p(1-p)/n}} = 2.37570\cdots$$

であることがわかる．$Z_{0.01} = 2.326$ であるから，これと統計量 Z を比較すると $Z > Z_{0.01}$ となる．よって帰無仮説 H_0 は棄却され，対立仮説 H_1 は採択される．以上から，16.5% より多くの世帯が視聴していると考えるのは妥当であると判断される．

演習 7.4　母平均 λ に対し，帰無仮説 H_0・対立仮説 H_1 を

$$H_0\colon \lambda = 50.0, \quad H_1\colon \lambda \neq 50.0$$

として検定を行う（両側検定）．

このとき，標本平均 $\overline{X}$ は $\overline{X} = 48.8$ であるから

$$Z = \frac{\overline{X} - \lambda}{\sqrt{\lambda/n}} = -1.69705\cdots$$

であることがわかる．$Z_{0.025} = 1.960$ であるから，これと統計量 Z を比較すると $|Z| \leq Z_{0.025}$ となる．よって帰無仮説 H_0 は採択される．以上から，$\lambda = 30$ とする主張が妥当でないとまではいえない．

第8章

問題 8.1　$[17.60, 17.74]$

問題 8.2　$\overline{X} = 200.75$, $s^2 = 2.48157\cdots$, $t_{0.025}(19) = 2.093$ だから，求める信頼区間は $[200.0, 201.5]$ である．

問題 8.3　$[116.1, 428.3]$

問題 8.4　$[0.405, 0.485]$ である．なおパーセント表記して [40.5%, 48.5%] でもよい．

問題 8.5　世帯数を $4268.44\cdots$ 以上，つまり 4269 以上とすればよい．

問題 8.6　$[6.52, 8.52]$

■ 演習問題 ■

演習 8.1　条件を満たすのは $n \geq 737.587\cdots$ だから，最小の n は 739 である．

演習 8.2　標本平均は $314.433\cdots$，不偏分散は $30.4609\cdots$ である．

(1) $[311.8, 317.1]$

(2) $[16.33, 75.76]$

演習 8.3　$[0.301, 0.401]$ である．なおパーセント表記して [30.1%, 40.1%] でもよい．

演習 8.4　$[21.3, 25.5]$

参　考　文　献

［1］ 杉浦光夫，解析入門 I，東大出版会，1980.

［2］ 鈴木香織，コア・テキスト 線形代数，サイエンス社，2010.

［3］ 竹縄知之，コア・テキスト 微分積分，サイエンス社，2009.

［4］ 舟木直久，確率論，朝倉書店，2004.

［5］ 吉田朋広，数理統計学，朝倉書店，2006.

［6］ R. V. Hogg, J. W. McKean, A. T. Craig，豊田秀樹監訳，数理統計学ハンドブック，朝倉書店，2006.

索　　引

あ　行

一様分布　66
因果関係　108

上側信頼限界　163

か　行

回帰直線　119
回帰方程式　119
ガウス積分　68
ガウスの誤差理論　135
確率分布　32
確率分布関数　71
確率変数　17
確率密度関数　60
仮説検定　147, 148
片側検定　154
加法性　10
ガンマ分布　80

幾何分布　38
幾何平均　95
棄却　148
棄却域　152
期待値　42
帰無仮説　149
共通部分　174
共分散　57, 109

空事象　4
空集合　172
区間推定　163

桁落ち　100
決定係数　121
元　172
検出力　150

根元事象　2

さ　行

最小二乗法　117, 122
再生性　41
採択　148
採択域　152
算術平均　94
散布図　108

試行　2
事象　2
指数分布　70
下側信頼限界　163
四分位偏差　98
集合　172
従属変数　108
シュワルツの不等式　51
条件付き確率　22
信頼区間　163
信頼係数　163

推定　131, 163
推定値　131

推定量　131

正規分布　68
正規方程式　118
正規母集団　135
積事象　9
全事象　4
全体集合　175

相関　107
相関係数　113

た　行

第１四分位数　96
第１四分位点　96
第一種の誤り　150
第一種の過誤　150
第３四分位数　96
第３四分位点　96
大数の強法則　85
大数の弱法則　84
大数の法則　84
第２四分位数　96
第２四分位点　96
第二種の誤り　150
第二種の過誤　150
代表値　94
対立仮説　149
たたみ込み　40, 77

チェビシェフの不等式　52
中央値　95
抽出　128
中心化モーメント　51

点推定　163

統計的推測　128
統計的推論　128
統計量　131
同時確率分布　35
同時確率密度関数　62
同時密度関数　62
同様に確からしい　11
独立同分布　84
独立変数　108
度数分布表　92

な　行

二項係数　36
二項定理　37
二項分布　36

ノンパラメトリック　130

は　行

パーセント点　140, 143, 144
排反　9
箱ひげ図　97
外れ値　97
パラメトリック　130

ヒストグラム　93
非復元抽出　130
標準化　103
標準正規分布　137
標準得点　103
標準偏差　99
標本　128
標本空間　2
標本の大きさ　129

標本分散　132
標本分布　135
標本平均　132

復元抽出　130
部分集合　173
不偏分散　134
分位点　96
分散　51, 99
分布関数　71

平均　94
平均偏差　98
ベイズの定理　24
ヘルダーの不等式　52
ベルヌーイ試行　36
ベルヌーイ分布　36
偏回帰係数　119
偏差値　103
偏差値得点　103

ポアソン分布　40
包除公式　15
補事象　9
補集合　175
母集団　127
母集団分布　127
母数　130
母分散　131
母平均　131

ま　行

密度関数　60

無記憶性　70
無限集合　175
無相関　57

メディアン　95

モーメント　51

や　行

有意水準　148
有意性検定　148
有限集合　175

ら　行

離散型　32
両側検定　151

レンジ　97
連続型　60

わ　行

和事象　9
和集合　174

数字・欧字

χ^2 分布　141

t 統計量　143
t 分布　144

監修者略歴

河東泰之（かわ ひがし やす ゆき）

1985年　東京大学理学部数学科卒業
1989年　カリフォルニア大学ロサンゼルス校　Ph. D.
　　　　東京大学理学部数学科助手を経て
現　在　東京大学大学院数理科学研究科教授

著者略歴

西川貴雄（にし かわ たか お）

1996年　名古屋大学理学部数学科卒業
1998年　名古屋大学大学院多元数理科学研究科博士課程前期課程修了
2001年　東京大学大学院数理科学研究科博士課程修了　博士（数理科学）
　　　　ベルリン工科大学研究員，日本学術振興会特別研究員，
　　　　日本大学理工学部助手，同専任講師を経て
現　在　日本大学理工学部准教授

ライブラリ 数学コア・テキスト＝**6**

コア・テキスト 確率統計

2015年 3月10日 © 　初版発行
2021年10月10日 　初版第2刷発行

監修者　河東泰之　　発行者　森平敏孝
著　者　西川貴雄　　印刷者　大道成則

発行所　**株式会社　サイエンス社**

〒151-0051　東京都渋谷区千駄ヶ谷1丁目3番25号
営業　☎ (03)5474–8500（代）　振替 00170–7–2387
編集　☎ (03)5474–8600（代）
FAX　☎ (03)5474–8900

印刷・製本　太洋社

《検印省略》

ISBN978–4–7819–1355–1

PRINTED IN JAPAN

サイエンス社のホームページのご案内
http://www.saiensu.co.jp
ご意見・ご要望は
rikei@saiensu.co.jp　まで．